饲药同源植物

◎ 徐丽君　聂莹莹　孙雨坤　等　著

中国农业科学技术出版社

图书在版编目（CIP）数据

饲药同源植物 / 徐丽君等著 . -- 北京 : 中国农业科学技术
出版社，2022.10
ISBN 978-7-5116-5999-6

Ⅰ. ①饲… Ⅱ. ①徐… Ⅲ. ①中兽医学—兽用药—同
源—药用植物—介绍 Ⅳ. ① S853.75

中国版本图书馆 CIP 数据核字（2022）第 204653 号

责任编辑	于建慧	
责任校对	李向荣	
责任印制	姜义伟	王思文

出　　版	中国农业科学技术出版社	
	北京市中关村南大街 12 号　邮编：100081	
电　　话	（010）82109708（编辑室）	
	（010）82109702（发行部）　（010）82109709（读者服务部）	
网　　址	http://castp.caas.cn	
经　　销	各地新华书店	
印　　刷	北京中科印刷有限公司	
开　　本	170mm×240mm　1/16	
印　　张	16	
字　　数	305 千字	
版　　次	2022 年 10 月第 1 版　2022 年 10 月第 1 次印刷	
定　　价	80.00 元	

《饲药同源植物》
著 者 名 单

主著： 徐丽君　　聂莹莹　　孙雨坤

著者： 柳　茜　　肖燕子　　郭明英

　　　　吴　楠　　饶　雄　　高兴发

　　　　徐树花　　朱　孟　　韩春燕

　　　　李建忠　　杜广明　　席琳乔

　　　　张洪志　　乌汗图　　曲善民

　　　　程延彬　　李　昕　　史明江

　　　　孟庆全　　李金霞　　付廷飞

　　　　宛诣超　　那　亚　　孙　林

　　　　义如格勒图

苜蓿为优质牧草，被誉为"牧草之王"，人们耳熟能详，但苜蓿亦是很好的药用植物，可能知道的人并不多，知道其他牧草亦是药用植物的人，可能就更少了。晋陶弘景《名医别录》曰，"苜蓿味苦，平，无毒。主安中，利人，可久食"；北宋寇宗奭《本草衍义》曰，"神农尝百草以和药济人"，可见我国药用植物始于草，同时《本草衍义》曰，"苜蓿陕西甚多，饲牛马，嫩时人兼食之。微甘淡，不可多食，利大小肠。有宿根，刈讫又生"；李时珍《本草纲目》载药1 892种，其中，植物1 196种，将其分为5部30类，有草部、谷部、菜部、果部和木部，这些植物大部是牧草，如苜蓿、甘草、黄芪、苍耳、蒲公英、益母草、茵陈蒿等；早于《本草纲目》180多年的明朱橚《救荒本草》，记载了野生可食植物400多种，几乎都是家畜可食的牧草，如大蓟、苦荬菜、马齿苋、委陵菜、胡枝子、苦马豆、野豌豆、苜蓿等。

尽管在我国动物生产中饲料端已经严禁使用抗生素，在养殖端亦尽量减量使用治疗用抗生素，但多年来的抗生素滥用所带来的细菌耐药性问题，仍然是困扰我国动物生产的一个极具挑战性的问题。在饲料端禁抗、养殖端减抗新形势下，如何在保证动物生长、生产健康高效前提下，发挥其最佳遗传潜能且又能避免细菌耐药性问题，是国内外动物营养学家们一直在探索的问题，他们也试图找到抗生素的"替代产品"。已做的探索表明，常用于替代抗生素的产品主要有中草药提取物（含包括饲药同源植物在内的植物提取物）或其千目超微粉、酵母培养物、益生菌、益生素、酶制剂、酸化剂等。多年生产实践表明，要实现动物生产的无抗健康养殖，就必须实施与所选用饲草（如饲药同源植物）配套的整体集成技术，加大开发利用的饲、药两用植物的力度已势在必行。

虽然我国饲药两用植物资源丰富且具有悠久的利用历史，但迄今在利用方面还存在很大的盲目性、不确定性，缺乏组织和引导，导致利用率不高，资源优势没有转变为产业优势。另外，饲药两用植物研究长期滞后，导致基础研究薄弱，技术储备不足，利用技术落后，出现了许多药用植物得不到饲用或许多饲用植物药效得不到充分发挥的现象，造成饲药两用植物长期在生产中得不到有效广泛的应用。要抓住动物生产中禁抗、减抗的新形势，加强饲药两用植物的功能性研究，开发营养价值高、药效明显的饲药同源植物。认同本草始于草的传统观念，坚持我国传统的"饲药同源"理念，开展饲药两用植物的研究，是弘扬饲草—本草文化的集中体现，也可为我国动物健康、绿色生产提供有效的技术支撑。

中国农业科学院农业资源与农业区划研究所的草地生态遥感创新团队，为适应我国畜牧业绿色、健康和高质量发展对饲草的要求，从 2017 年着手进行饲药两用植物的研究，参加研究的人员除进行资料收集与研究外，还深入北方草原牧区、南方草山草坡进行实地调研，走访当地农牧民及专家，对当地主要饲药同源植物的分布、生境和生长及利用现状进行野外考察、调研，以便掌握第一手资料，为本书的撰写打下了坚实的基础。本项研究得到多个项目的资助，主要包括农业农村部"现代农业产业技术体系（CARS-34）"、中国农业科学院科技创新工程、国家农业科学数据中心"草地与草业科学数据分中心数据资源建设与共享服务"等，在此向项目主管部门表示衷心的感谢。

本书重点介绍了豆科、藜科、蓼科、菊科、蔷薇科、苋科、十字花科、禾本科、莎草科、百合科等既具饲用价值又具药用价值的 190 余种饲药同源植物，对其地理分布、植物学特性、生物学特性、饲用价值与药用价值进行了研究。迄今为止，饲药同源植物的研究报道尚属少见，可借鉴的资料有一定的局限性，加之我们研究经验不足，书中不妥之处在所难免，祈盼读者批评指正。

著　者

2022 年 6 月

CONTENTS 目 录

豆 科

- 沙打旺
- 扁茎黄芪
- 华黄芪
- 蒙古黄芪
- 中间锦鸡儿
- 小叶锦鸡儿
- 甘草
- 米口袋
- 少花米口袋
- 长萼鸡眼草
- 黄花苜蓿

- 紫苜蓿
- 刺槐
- 苦豆子
- 槐
- 苦马豆
- 披针叶野决明
- 广布野豌豆
- 歪头菜
- 狭叶山野豌豆
- 野大豆
- 河北木蓝

- 胡枝子
- 达乌里胡枝子
- 美丽胡枝子
- 尖叶胡枝子
- 天蓝苜蓿
- 白花草木樨
- 细齿草木樨
- 红车轴草
- 蚕豆
- 白皮锦鸡儿
- 紫荆

沙打旺

拉丁学名：*Astragalus adsurgens* Pall.
英文名：Erect Milkvetch

◈ **别名**：直立黄芪、斜茎黄芪、麻豆秧。

◈ **形态特征**：多年生草本。高50～70cm，全株被"丁"字形茸毛。主根粗长，侧根较多，主要分布于土层20～30cm，根幅达150cm左右，根上着生褐色根瘤。茎直立或斜倾向上，丛生，分枝多，主茎不明显，一般

10～25个。叶为奇数羽状复叶，有小叶3～27枚，长圆形；托叶膜质，卵形。总状花序，多数腋生，每个花序有小花17～79朵，蓝色、紫色或蓝紫色；萼筒状5裂；花翼瓣和龙骨瓣短于旗瓣。荚果矩形，内含褐色种子10余粒。

◈ **地理分布**：中国东北、华北、西北、西南地区广为分布，一般分布在海拔700～3 150m，在年降水量200～350mm，7月平均气温17～20℃，栗钙土的环境条件下，常为草甸草原的伴生种或亚优势种，也可见于林缘草地及农田。国外日本、朝鲜、蒙古国、美国、俄罗斯等地有野生种。

◈ **生态学特性**：中旱生植物，适应性强，根系发达，抗旱、抗盐、抗风沙，还能固定流沙。以pH值6～8的沙壤土中生长最适，要求年平均气温8～15℃、年降水量300～500mm、≥0℃积温3 600～5 000℃、生长期150d以上。凡是年平均气温低于10℃、≥0℃积温少于3 600℃、无霜期少于150d的地区，沙打旺的种子难以成熟或仅有少量种子成熟。

◈ **饲用价值**：嫩茎叶打浆可喂猪；在沙打旺草地上放牧绵羊、山羊，收割青干草冬季补饲，用沙打旺与禾草混合青贮等。饲养的家畜膘肥、体壮，还未发现有异常现象，反刍家畜也未发生臌胀病。

◈ **药用价值**：种子入药，为强壮剂，对治疗神经衰弱有效。

扁茎黄芪

拉丁学名：*Astragalus complanatus* R. Ex Bge.

◆ **别名**：蔓黄芪。

◆ **形态特征**：多年生草本。根系发达，主根粗大。茎匍匐，长达1m以上，常由基部分枝。单数羽状复叶，托叶小，狭披针形；小叶椭圆形或卵状椭圆形，9～21枚，长5～15mm，宽3～7mm，先端钝或微缺，基部钝圆，全缘，上面无毛，下面密被短毛。总状花序腋生，总花梗细长，

具花3～9朵；花萼钟形，被黑色和白色短硬毛；花冠蝶形，黄色，旗瓣近圆形，翼瓣稍短，龙骨瓣与旗瓣近等长；雄蕊10，二倍体；子房密被白色柔毛，柱头有簇毛。荚果纺锤形，长25～35mm，腹背稍扁，被黑色短硬毛，内含种子20～30粒，圆肾形，长约2mm，宽约1.5mm，灰棕色或深棕色。

◆ **地理分布**：中国东北、华北、西北等地。

◆ **生态学特性**：生长发育快，播种当年即可收获种子。生出4片真叶前生长比较缓慢，以后逐渐加快，分枝可达10余个，现蕾时根系深达1.5m以上，根系发达，根瘤很多，种植后能在土壤中留下大量有机物和氮素，是各种禾谷类作物的良好前作。花期较长。10月下旬多数种子成熟，可割取地上部分采收种子。根系发达，开花结实后期，根系长达1.5m以上，侧根纵横，根瘤很多，呈珊瑚状。耐寒性强，宜栽种于排水良好的山坡地，对土壤要求不严，除低湿地、强酸碱地外，从粗沙到轻黏壤土皆能生长，但以沙质壤土为最佳。

◆ **饲用价值**：优等牧草。质地柔软，稍有气味，猪、鸡、兔喜食，牛、羊乐食，尤其喜食嫩绿的枝叶，无论青饲或是调制成青干草粉搭配饲喂均可。

◆ **药用价值**：扁茎黄芪的种子可入药，中药名"沙苑子"，性甘、温、归肝、肾经。能补肝肾、固精、明目；用于肾虚腰痛，遗精早泄，白浊带下，小便余沥，眩晕目昏。

华黄芪

拉丁学名：*Astragalus chinensis* L. f.
英文名：Chinese Milkvetch

◆ **别名**：地黄芪、牤牛花、牤牛蛋。

◆ **形态特征**：多年生草本。主根直下，分茎具宿存托叶，叶长 2～20cm，托叶三角形，基部合生；叶柄具沟，被白色疏柔毛；小叶长椭圆形至披针形，7～19 枚，长 0.5～2.5cm，宽 1.5～7mm，钝头或急尖，先端具细尖，两面被疏柔毛，有时上面无毛。伞形花序，花冠红紫色，荚果呈圆筒状，长 15～20mm，直径 3～4mm，被长柔毛，成熟时毛稀疏，开裂。种子圆肾形，直径 1.5mm，具不深凹点。花期 5 月，果期 6—7 月。

◆ **地理分布**：中国东北、内蒙古、河北、河南、山西等地。

◆ **生态学特性**：旱中生植物。种子萌发不喜高温，二年生开花结果。花期 6 月下旬，果期 8 月下旬至 9 月中旬。黄芪为深根性植物，野生于草原干燥向阳的坡地、山坡及疏林下。喜温暖气候，耐严寒，耐旱，怕涝，忌连作，适宜生长在土层深厚、肥沃、疏松、排水良好的沙质壤土，土质黏重则主根短，侧根多，生长缓慢，产量低。

◆ **药用价值**：性甘，温，入肝、肾二经。补益肝肾，用于肝肾亏虚、头目昏花。

蒙古黄芪

拉丁学名：*Astragalus membranaceus* var. *mongholicus* (Bunge) P. K. Hsiao
英文名：Mongolian sweetvetch

◈ **别名**：白芪（固原）、绵芪、黄耆。

◈ **形态特征**：多年生草本。高 50～80cm，主根深长而粗壮，棒状，稍带木质。茎直立，上部多分枝，被长柔毛。单数羽状复叶互生，小叶 12～18 对。总状花序腋生，具花 10～25 朵，排列疏松；苞片线状披针形；小花梗被黑色硬毛。荚果膜质，膨胀，卵状长圆形，长 1.1～1.5cm。种子 5～6 粒，黑色，肾形。花期 6—7 月，果期 8—9 月。

◈ **地理分布**：中国东北、华北、陕甘地区及四川、新疆等地；国外蒙古国和俄罗斯也有。

◈ **生态学特性**：生于草甸草原、山地灌丛和林缘。

◈ **饲用价值**：中等饲用植物。牛、羊喜食。

◈ **药用价值**：性甘，温，归肺、脾经。用于气虚乏力，食少便溏，中气下陷，久泻脱肛，便血崩漏，表虚自汗，气虚水肿，痈疽不溃，溃久不敛，血虚萎黄，内热消渴，慢性肾炎蛋白尿，糖尿病。炙黄芪补中益气，用于气虚乏力，食少便溏。

中间锦鸡儿

拉丁学名：*Caragana liouana* Zhao Y. Chang & Yakovlev
英文名：Intermediate Peashrub

◆ **别名**：柠条。

◆ **形态特征**：灌木。高 70～200cm，丛径 1～1.5m，多分枝，树皮黄灰色、黄绿色或黄白色；枝条细长，幼时被绢状柔毛。花冠蝶形，黄色，荚果披针形或长圆状披针形，顶端短渐尖。

◆ **地理分布**：内蒙古、宁夏与其邻近的黄土高原地区均有野生种分布。

◆ **生态学特性**：多生长于沙砾质土壤，在基部可聚集成风积小沙丘。耐寒，耐酷热，抗干旱，耐贫瘠，不耐涝。轻微沙埋可促进生长，产生不定根，形成新植株。轴根性，根系发达，垂直根入土 2m，深者达 4m；侧根也较发达。

中间锦鸡儿是重要的保水、防风、固沙植物，茎叶可用作绿肥、燃料。根系发达，根瘤菌多，对改良土壤有重要意义。

◆ **饲用价值**：为良好饲用灌木。适口性好，抓膘牧草。春季绵羊、山羊均喜食其嫩枝叶及花，其他季节采食渐减。骆驼一年四季喜食，马和牛不喜食。营养价值良好，含有丰富的必需氨基酸，含量高于一般禾谷类饲料，也高于苜蓿干草，尤以赖氨酸、异亮氨酸、苏氨酸和缬氨酸为丰富。

种子可榨油，出油率达 3% 左右，油渣可做牛、羊饲料，也可做肥料。茎秆可用做编织材料，树皮可以做纤维原料。花是良好的蜜源。

◆ **药用价值**：其全草、根、花、种均可入药，属补益药类。味苦，性平。活血，止血，止痛，增进食欲。种子可用于治疗黄水疮，外用燥湿，解毒。

小叶锦鸡儿

拉丁学名：*Caragana microphylla* Lam.
英文名：Little-leaf Peashrub

◈ **别名**：柠条、连针、猴獠刺。

◈ **形态特征**：灌木。高40～70cm，最高可达1m。树皮灰黄色或黄白色；小枝黄白色至黄褐色。长枝上的托叶宿存，硬化成针刺状，花单生，花冠蝶形，黄色。荚果扁条形，深红褐色。

◈ **地理分布**：中国东北及内蒙古、河北、陕西等地；国外蒙古国、俄罗斯西伯利亚也有。

◈ **生态学特性**：根系较为发达。主根入土达420cm以下。侧根也较发达，根幅扩展较宽，并具有明显的成层现象。耐干旱，亦耐寒，能抗风沙，再生力强，对土壤要求不严，多生于草原地带的沙质地、半固定沙丘、固定沙丘以及山坡等处，广泛散生于地带性植物群落中，具有明显的景观作用。

◈ **饲用价值**：草原地带良好的饲用灌木。绵羊、山羊、骆驼均采食其嫩枝，春末喜食其花。花营养价值高，有抓膘作用，能使经冬后的瘦弱家畜迅速肥壮。骆驼终年喜食，通常将小叶锦鸡儿灌丛化草原划作骆驼的放牧地，牛、马不食。

◈ **药用价值**：性苦，寒，归肺经。根、花、种子可入药。清热解毒，用于咽喉肿痛。

甘草

拉丁学名：*Glycyrrhiza uralensis* Fisch.
英文名：Ural Licorice

◆ **别名**：甜草。

◆ **形态特征**：多年生草本。高30～70cm，根粗壮，有甜味。羽状复叶，总状花序腋生，花密集；花冠蝶形，淡蓝紫色或紫红色；荚果条状长圆形、镰刀形，或弯曲成环状，褐色，外面密被刺毛状腺体。种子2～8粒，扁圆形或肾形，黑色。

◆ **地理分布**：中国东北、华北及西北等地；国外蒙古国、俄罗斯西伯利亚、中亚、巴基斯坦、阿富汗也有。

◆ **生态学特性**：多年生根蘖型牧草。主根呈圆柱形，粗而长，向下直伸，入土达1～2m，侧根离地面30～40cm，呈水平状分布，长达2m左右。

多生于较干燥的砾质草原、碱性沙地，沙质的田间、路旁、荒地、低地边缘及河岸轻度碱化草甸。喜生于排水良好、阳光充足、土层深厚的栗钙土和灰钙土，土壤pH值8左右。

◆ **饲用价值**：中等饲用植物。现蕾前骆驼乐食，绵羊、山羊亦采食，但不十分喜食。干枯后羊、马、骆驼均喜食，羊尤其喜食其荚果，牛冬季乐食。青鲜时营养价值虽然较高，但适口性很低，与其含有单宁有关。在典型草原或荒漠草原地带可作为放牧或刈割干草利用。

◆ **药用价值**：性甘，平，归心、肺、肝、脾、胃经。根可为药用，能清热解毒、润肺止咳、调和诸药等，主治咽喉肿痛、咳嗽、脾胃虚弱、药物及食物中毒等症。

米口袋

拉丁学名：*Gueldenstaedtia verna* (Georgi) Boriss.
英文名：Narrow-leaf Gueldenstaedtia

◆ **别名**：地丁、细叶米口袋、狭叶米口袋。

◆ **形态特征**：多年生草本。低矮旱生，全株有长柔毛，主根肉质圆柱状。短茎多数集于主根顶端。奇数羽状复叶，集生于短茎上部，荚果圆筒形，大多3个着生在果梗上，被灰白色长柔毛，内有4～6枚种子。种子小，肾形，直径约2mm。

◆ **地理分布**：中国的东北、西北、华北及华东等地；国外蒙古国也有。

◆ **生态学特性**：喜生于向阳沙质草地，耐旱性强。在春旱、多风、无雨气象条件下，能正常返青、出苗、抽叶；夏季酷热、沙质地面温度高达53℃时，尚能经受住烘烤而不萎蔫。适应性强，分布广泛，在草甸草原、干旱草原、荒漠草原以及稍湿的盐生草甸上均能生长。对土壤的适应幅度广，在黑土、栗钙土、盐生草甸土、黄黏土等 pH 值为6.5～8的微酸性、弱碱性土壤中均能生长发育，完成其生活周期。再生性及耐寒性均很强。

◆ **饲用价值**：中等品质牧草。质地粗糙，小叶微苦。植株低矮，稀疏，不宜刈割调制干草，只能为绵羊、山羊放牧利用。

◆ **药用价值**：全草可入药，主治痈疽疗毒、各种化脓性炎症；有止泻的功效。

少花米口袋

拉丁学名：*Gueldenstaedtia verna* (Georgi) Boress.
英文名：Few-flower Gueldenstaedtia

◆ **别名**：甜地丁。

◆ **形态特征**：多年生草本。主根直下，托叶三角形，伞形花序，花冠红紫色，旗瓣卵形。荚果长圆筒状，被长柔毛，成熟时毛稀疏，开裂。种子圆肾形，具不深凹点。花期5月，果期6—7月。

◆ **地理分布**：中国东北、华北、华东、陕西中南部、甘肃东部等地；国外俄罗斯西伯利亚和朝鲜北部亦有。

◆ **生态学特性**：旱生。生于海拔700～1 000m的山坡、草地、田边等处。

◆ **饲用价值**：羊采食，属良好饲用植物。

◆ **药用价值**：全草入药，能清热解毒，主治痈疽、疔毒、瘰疬、恶疮、黄疸等。

长萼鸡眼草

拉丁学名：***Kummerowia stipulacea*** (Maxim.) Makino
英文名：Korean lespedeza

◆ **别名**：掐不齐、牛黄草。

◆ **形态特征**：一年生草本。直根系，侧根发达，主根深 18～35cm。三出复叶，小叶倒卵形或椭圆形，花冠蝶形，上部暗紫色，龙骨瓣较长。荚果卵形，有种子 1 粒，黑色，平滑。

◆ **地理分布**：中国东北、河北、山西、陕西、甘肃、河南、山东、浙江、安徽、江苏、江西等地分布，四川二郎山海拔 2 800m 处亦有，福建、广西有栽培；国外日本、蒙古国、朝鲜和俄罗斯也有。

◆ **生态学特性**：生于多砾石的山坡、河岸沙土、沙砾地以及路旁、林下、田边杂草丛中。喜温暖湿润气候，在北方地区，再生能力较弱，主要依靠刈割后地上部分腋芽的萌发。割草时，留茬高低对再生草产量有较大影响。北方再生草于霜降前尚能结籽。种子繁殖能力很强，能自落自生，落入土壤的种子经冬季休眠后，翌年萌发。在分枝初期，形成大量根瘤，主要分布于根颈附近及主根上，侧根较少。

◆ **饲用价值**：茎枝柔软，叶密、量多。营养丰富，为优等饲草，可直接刈割饲喂畜禽，饲喂时以粉碎或打浆为好，也可青贮、发酵、晒制成青干草，家畜尤为喜食，也可将青干草粉碎成草粉，或制成颗粒饲料。长萼鸡眼草适应性好，抗逆性强，作为草地改良先锋植物，能够显著改善草地豆科牧草缺乏的状况，提高草地利用价值，也是一种优良的蜜源植物。籽实是优良的精饲料。

◆ **药用价值**：全草药用，有清热解毒、健脾利湿的功效。

黄花苜蓿

拉丁学名：*Medicago falcata* Linn.
英文名：Yellow alfalfa

◆ **别名**：野苜蓿、镰荚苜蓿。

◆ **形态特征**：多年生草本。根粗壮，茎斜升或平卧，多分枝。三出复叶，总状花序密集成头状，花黄色。荚果镰刀形，含种子2～4粒。

◆ **地理分布**：中国东北、华北和西北等地；国外蒙古、俄罗斯和欧洲其他地区也有。

◆ **生态学特性**：主根发达，干燥疏松的土壤中主根可伸入土中2～3m；分枝能力和再生能力强，喜稍湿润而肥沃的沙壤土。耐寒、耐风沙、耐旱，亦可越冬生长，属耐寒旱中生植物。多见于平原、河滩、沟谷、丘陵间低地等低湿生境的草甸中，稀进入森林边缘。

◆ **饲用价值**：青鲜状态羊、牛、马最喜食，牧民谓其对产乳畜有增加产乳量、对幼畜有促进发育的功效，而且是一种具有催肥作用的牧草。种子成熟后的植株家畜仍喜食，适口性并未见显著降低，制成干草时，也为家畜所喜食。

◆ **药用价值**：味甘微苦，性平。宽中下气，健脾补虚，利尿。

紫苜蓿

拉丁学名：*Medicago sativa* Linn.
英文名：Alfalfa, Lucerne

◆ **别名：**紫花苜蓿。

◆ **形态特征：**多年生草本。高 30～100cm，主根发达，入土深度达 2m 以上。着生根瘤较多，根颈粗大。茎直立或有斜升，多分枝，羽状三出复叶或多出复叶，短总状花序腋生，紫色或蓝紫色；花冠蝶形。荚果螺旋形，种子肾形，黄褐色，陈旧种子变为深褐色。

◆ **地理分布：**世界上栽培最早的牧草，现已传遍世界各国。中国分布范围甚广，西起新疆，东到江苏北部，包括黄河流域及以北的 14 个省（区），主要是西北、华北地区。东北三省除辽宁南部外越冬均不稳定，长江以南地区的湖北、四川、云南、江苏等地均已试种。

◆ **生态学特性：**喜温暖半干燥气候，灌溉条件下可耐受较高的温度，耐寒性强。东北、华北和西北等地区都可以种植，南方高温潮湿气候生长不良，栽培较少。冬季少雪的高寒地区（40°N 以上），气候变化剧烈，经常在春季遭受冻害，必须选用抗寒品种，或采取适当保护措施才能越冬。

对土壤要求不严，除重黏土、低湿地、强酸、强碱外，从粗沙土到轻黏土皆能生长，以排水良好、土层深厚富含钙质土壤生长最佳。略能耐碱，不耐酸，以土壤 pH 值 6～8 为宜，成长植株可耐受的土壤含盐量为 0.3%。

◆ **饲用价值：**紫花苜蓿为各种牲畜喜食优质牧草。播种后 2～4 年内生产力高，不宜作为放牧利用，以青刈或调制干草为宜，播种 5 年以后，可作为放牧地，应有计划地分区轮割或轮牧。

◆ **药用价值：**性甘、酸，平，归脾、胃、肾经。清热利尿，健胃。用于泄泻，石淋，水肿，小便不利，消渴，夜盲。

刺槐

拉丁学名：*Robinia pseudoacacia* Linn.
英文名：Yellow Locust, Blackacacia, False Acacia

◆ **别名**：洋槐、德国槐。

◆ **形态特征**：落叶乔木。高 10～25m，树皮灰褐色至黑褐色，也有灰白色，有裂槽。小枝无毛，叶为奇数羽状复叶，互生，总状花序腋生，荚果条状椭圆形，种子赤褐色、黑色、黄色并有褐色花纹。

◆ **地理分布**：原产美国东部。具有广泛的适应性，种植面积迅速扩大，现已分布在中国 23°N～46°N、86°E～124°E 的广大地区。

◆ **生态学特性**：刺槐原为温带树种，在年均温 5℃、年降水量 400mm 以下地区各种土壤均能生长，对酸性土、中性土、含盐量 0.3% 以下的盐碱土均能适应，但以土层深厚、肥沃、疏松、湿润的土壤生长最佳。耐旱与耐瘠薄能力，土壤长期干旱生长缓慢、干梢。喜光，不耐阴。萌发力、分蘖性强。生育期的长短受各地气候影响极大。

◆ **饲用价值**：鲜叶或干叶适口性极好，各种畜禽都喜食，其干叶粉为调味饲料，也是配合饲料的组成成分。

◆ **药用价值**：性味苦，微寒。凉血，止血。主治便血，咯血，吐血，子宫出血及劳伤乏力等症。

苦豆子

拉丁学名：*Sophora alopecuroides* Linn.
英文名：Foxtail-like sophora

◆ **别名**：草本槐、苦豆根。

◆ **形态特征**：根直伸细长，多侧根。茎直立，高30～80cm，全株密被灰白色平伏绢状柔毛。单数羽状复叶，互生，花冠淡黄白色，荚果念球状，种子宽卵形，黄色或淡褐色。

◆ **地理分布**：中国河北、河南、山西、陕西、内蒙古、宁夏、甘肃、新疆和西藏等地；国外蒙古国、哈萨克斯坦、中亚、高加索及俄罗斯欧洲部分有分布，也见于亚洲西南部。

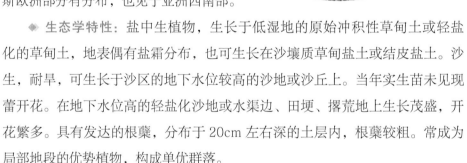

◆ **生态学特性**：盐中生植物，生长于低湿地的原始冲积性草甸土或轻盐化的草甸土，地表偶有盐霜分布，也可生长在沙壤质草甸盐土或结皮盐土。沙生，耐旱，可生长于沙区的地下水位较高的沙地或沙丘上。当年实生苗未见现蕾开花。在地下水位高的轻盐化沙地或水渠边、田埂、撂荒地上生长茂盛，开花繁多。具有发达的根蘖，分布于20cm左右深的土层内，根蘖较粗。常成为局部地段的优势植物，构成单优群落。

◆ **饲用价值**：含有生物碱，开花期采食其花序，倘若家畜在饥饿状态下采食，轻者引起消化不良，重者发生痉挛。秋霜及干枯后，马、驴、牛、羊及骆驼采食，山羊和驴较喜食。在缺乏饲草的情况，是各种家畜的重要饲草之一，叶、果和部分茎枝均可采食。冬末或春季地上部分保留不好。

◆ **药用价值**：性味苦，寒，有毒，归心、肺、大肠经。根及根茎可用于清热解毒，消肿止痛。用于咽喉肿痛，肺热咳嗽，齿龈肿痛，痢疾，疮痈。全草可用于清热解毒，止痢。用于咽喉肿痛，肺热咳嗽，泄泻，痢疾。种子可用于清热燥湿，止痛杀虫。用于胃痛吐酸，腹痛，腹胀，食积，痢疾，泄泻，带下，疮疖，溃疡、湿疹、顽癣。

槐

拉丁学名：***Styphnolobium japonicum*** (Linn.) Schott.
英文名：Japanese Pagodatree

◆ **别名**：国槐、家槐。

◆ **形态特征**：乔木。高15～20m，树冠圆形，树皮灰黑色，小枝初期有毛。羽状复叶，上面深绿色，下面淡绿色，疏被伏生短毛。圆锥花序顶生；花冠蝶形，荚果肉质，无毛，串珠状，肾形。

◆ **地理分布**：原产中国及朝鲜。中国南北各地广为栽培，尤以华北及黄土高原生长繁茂；国外越南、日本、朝鲜也有栽培。

◆ **生态学特性**：中国北方果熟后不脱落，采种较方便。11月落叶，绿叶期很长。树冠庞大，枝叶茂密。在适宜的环境中生长较快，1年生苗木高达1m以上，7～8年生幼树高达4～5m，胸径达5～6cm。寿命长，达300～400年，生长50年以上者树干易变中空。发育比较迟缓，一般生长20～30年才开始开花、结果。

属阳性树种，耐荫蔽，喜温，耐寒。喜生于气候湿润、土层深厚、肥沃的土壤，以排水良好的沙质壤土最为适宜。在酸性和轻度含盐的土壤中（总盐量不超过0.4%）也能生长。在瘠薄土壤上生长不良，不耐低洼积水生境，长期土壤过湿，通气不良，会造成死亡。

◆ **饲用价值**：可充用饲料。嫩枝叶是绵羊的好饲料，其他家畜也食用，槐籽的油粕可以充作精饲料，喂猪尤佳，风干后的嫩枝叶也可饲用。新鲜嫩枝叶有苦味，家畜不喜食。

◆ **药用价值**：性味苦，寒，归肝、大肠经。清热泻火，凉血止血。用于肠热便血，痔疮出血，肝热头痛，眩晕目赤。

苦马豆

拉丁学名：*Sphaerophysa salsula* (Pall.) DC.
英文名：Salt Glbepea

◆ **别名**：红花苦豆子、羊卵泡。

◆ **形态特征**：多年生草本。具根蘖，根粗壮，深长。茎直立，具棱条，多分枝。奇数羽状复叶，总状花序腋生，花萼杯状钟形；花冠淡红色或红色；荚果膜质；种子肾状形，棕褐色。

◆ **地理分布**：中国河北、河南、山西、陕西、甘肃、宁夏、新疆、内蒙古等地；国外蒙古国、俄罗斯也有。

◆ **生态学特性**：通常于4月中下旬萌发，返青时间与土壤含水量密切相关，盐碱性荒地或低湿地上返青较早，排水高燥的沙质地上返青稍晚。无性繁殖能力强，常在某些局部地段形成小群落，是辅助源植物，亦可作绿肥和水土保持植物。可生长在土壤砾质化程度很高、气候干燥的荒漠草原带的沙生植被中。在沙漠边缘成为群落的伴生植物，有时也是沙化草地的侵入种。

◆ **饲用价值**：枝叶含球豆碱等生物碱，植株各部位均不为各类家畜所采食。秋霜及干枯后绵羊、骆驼、山羊乐食，马、驴、牛少量采

食。秋霜后，刈割调制成青干草，在缺乏饲草的冬季，少量与其他牧草混合饲喂牛、羊，有抵御"春乏"的效果。

◆ **药用价值**：性微苦，平，有小毒。根、茎、果实均可药用，归脾、肝、肾经。有补肾、利尿、消肿、固精、止血的功效。

披针叶野决明

拉丁学名：*Thermopsis lanceolata* R.Br.
英文名：Lanceleaf Thermopsis

◆ **别名**：野决明。

◆ **形态特征**：多年生草本。高18～20cm，茎直立，单一或分枝，基部具厚膜质鞘。掌状三出复叶，披针形或矩圆状倒卵形，总状花序顶生，花冠黄色，花萼筒状钟形，子房条形，密被毛，具短柄。荚果扁，条状矩圆形，种子近肾形，黑褐色，有光泽。

◆ **地理分布**：中国东北、华北、西北及四川、西藏等地；国外俄罗斯、蒙古国也有。

◆ **生态学特性**：适应范围极广，从东北、华北到海拔3 200～3 800m的青藏高原均

有。喜生长在草甸草原、碱化草原盐化草甸及青藏高原海拔3 200～3 400m的向阳缓坡、平滩。一般散生，条件适宜也能形成小面积群落，沙化草原及沟渠、河谷也有零星生长。抗寒性强，能在东北、青藏高原的高寒地区良好越冬，能耐-36℃～-37℃的低温。在碱化、盐渍化土壤中也能良好生长。

◆ **饲用价值**：质地柔软，全身虽有黄白色柔毛，但无刺毛、刚毛，不影响家畜采食。叶量大，粗蛋白质含量高，开花期最高达18.37%，结果期也有15.41%。

早春家畜采食，春末至秋中各种家畜都不采食，晚秋至重霜后又开始采食。

◆ **药用价值**：全株有去痰止咳、止痛、止血的功效，可为药用。

广布野豌豆

拉丁学名：*Vicia cracca* L.
英文名：Bird Vetch

◈ **别名**：苕子、草藤、蓝花苕子。

◈ **形态特征**：多年生草本（栽培种为一年生或越年生）。高60～120cm，茎四棱形，攀缘或斜升。双数羽状复叶，总状花序腋生，紫色或蓝色，花萼钟状，花冠蝶形。荚果长圆状菱形，种子圆形，黑色、褐色、黄褐色或青褐色不一。

◈ **地理分布**：分布广，中国南北各地均有，目前在江苏、安徽、山东、河南、湖南、四川、云南等地均有种植，其垂直高度分布从海拔数百米直到3 400m左右；国外日本、朝鲜以及欧洲一些国家也有。

◈ **生态学特性**：分枝力强，广布野豌豆的营养生长和生殖生长同时进行，使其茎蔓呈现一边伸长，一边现蕾、开花、结荚、成熟的特点。

广布野豌豆在pH值5～8.5的黏土、壤土或沙填土上均可种植，而以肥沃疏松、排水良好的壤土和沙壤土最为适宜，每公顷产鲜草75t以上。

◈ **饲用价值**：草质柔嫩，各种家畜均喜食，一般多用于喂猪。可青饲、调制干草或干草粉（四川称苕糠），也可与其他牧草混合做青贮料。广布野豌豆与其他绿肥牧草一样，在中国南方农田生态系统物质转入、输出平衡中有重要意义。广布野豌豆在提高土壤肥力和作物产量方面起到积极作用。

◈ **药用价值**：性甘、苦，温，归肝、膀胱经。祛风除湿，止痛。用于风湿痹痛，扭挫伤，无名肿毒，阴囊湿疹。

歪头菜

拉丁学名：*Vicia unijuga* A. Br.
英文名：Pair Vetch

◆ **别名**：对叶草藤、草豆。

◆ **形态特征**：多年生草本。高40～100cm，根状茎粗壮，茎直立、常数茎丛生，有棱。双数羽状复叶，具小叶2枚，叶轴末端刺状；托叶半边箭头形；小叶卵形至菱形，大小和形状变化较大，先端锐尖或钝，基部楔形或圆形，全缘，叶脉明显。总状花序腋生或顶生，蓝紫色；花萼斜钟形；花冠蝶形。荚果扁平，长圆形，内含种子1～5粒。

◆ **地理分布**：中国东北、华北、西北、华东及西南等地；国外俄罗斯、蒙古国、朝鲜、日本等也有野生种。

◆ **生态学特性**：多年生根茎型豆科牧草，适应性强。繁殖能力强，地下有粗壮的根茎，能进行无性繁殖，抽出新的枝条，地上部枝条也能开花结实，进行有性繁殖，种子有良好的自然更新能力。

适应半湿润气候地区，喜阴湿，在针阔叶混交林或灌丛中生长茂密，在草原、山沟、谷地和草坡上甚至在海拔3 600m的高山上也有生长。喜微酸性土，也能在棕壤土、灰化土甚至瘠薄的沙土上生长，是林缘草甸、草甸草原、草山草坡常见的豆科牧草。

◆ **饲用价值**：营养丰富，适口性好，马、牛最喜食，家兔和梅花鹿亦喜食其叶。

歪头菜的耐牧性强、能耐大型家畜的践踏，再生力

强。花期是歪头菜的刈割适期，对大型家畜的秋季抓膘有重要作用，为优质牧草，歪头菜的有机物质消化率、代谢能、消化能均较高。

可食期长，刈牧兼用。可做林缘草地、草山草坡天然草场的混播牧草。后期易落叶，茎秆老化，影响饲用价值，籽粒成熟不一致，易炸荚落粒，采种困难。

◆ **药用价值**：性甘，平，归肝、脾经。补虚调肝，理气止痛，清热利尿。用于劳伤，头晕，体虚浮肿，胃痛，疔毒。

狭叶山野豌豆

拉丁学名：*Vicia amoena* Fisch. ex DC.
英文名：Oblongleaf Vetch

◆ **形态特征**：多年生草本。高30～100cm，植株被疏柔毛，稀近无毛。主根粗壮，须根发达。茎具棱，多分枝。偶数羽状复叶。总状花序通常长于叶；花冠红紫色、蓝紫色或蓝色花期颜色多变；花萼斜钟状，荚果长圆形。两端渐尖，无毛。种子圆形，种皮革质，深褐色，具花斑；种脐内凹，黄褐色。

◆ **地理分布**：中国华北、河南、安徽、湖北、陕西、东北、江苏、山东、甘肃、宁夏等地；国外日本、俄罗斯、朝鲜、蒙古国也有。

◆ **生态学特性**：生于河滩、岸边、山坡、林缘、灌丛湿地。本种繁殖迅速，再生力强，是防风、固沙、水土保持及绿肥作物之一。其花期长，色彩艳丽亦可作绿篱、荒山、园林绿化，建立人工草场和早春蜜源植物。

◆ **饲用价值**：参考《内蒙古植物志》（第三版）第三卷。

◆ **药用价值**：舒筋活血，祛风止痛，败毒燥湿。外用洗风湿、风气疼痛、毒疮。治腰腿疼痛，大骨节病关节痛，筋骨麻木，扭挫伤，闪腰岔气。

野大豆

拉丁学名：*Glycine soja* Sieb.et Zucc.
英文名：Wild groundnut

◈ **别名**：落豆秧、乌豆。

◈ **形态特征**：一年生草本。茎缠绕，细弱，长达 2～3m。羽状三出复叶，全缘。总状花序腋生，淡紫红色；花萼钟状；花冠蝶形。荚果扁，稍呈镰刀形，种子宽椭圆形，稍扁，黑色。

◈ **地理分布**：中国东北、华北、华东、华中和西北等地；国外俄罗斯、日本及朝鲜的山地也有生长。

◈ **生态学特征**：根系发达，深入土层 1m 左右，根瘤丰富。喜湿润、弱酸性土壤，在 pH 值 6.3 的中性土壤、草甸土以及黑钙土中生长繁茂。

在河湾岸边、旧河床上生长尤多，是草甸草场、林间草地的常见种，适应能力较强。沙地和石质地上也能生长。

◈ **饲用价值**：茎叶柔软，适口性良好，为各种家畜所喜食。干草及冬、春枯草也为家禽喜食。

野大豆为缠绕型豆科牧草，其茎缠绕他物才能根深叶茂，可与直立型禾草科牧草混播，建立高产、优质的人工草地。由于野大豆根群发达，枝叶茂密，覆盖地面能力强，水土保持作用好，可选作山地草场的放牧地用草。

◈ **药用价值**：全草性甘，微寒，归肝、脾经。种子性甘、凉，归肝、肾、脾、肺经。全草可滋补强壮，固表敛汗，活血散瘀。种子可补益肝肾，祛风解毒，健脾调中。

河北木蓝

拉丁学名：*Indigofera bungeana* Walp.
英文名：Bunge Indigo

◆ **别名**：本氏马棘、本氏木蓝、野蓝枝子、铁扫帚。

◆ **形态特征**：中生灌木。高40～100cm，枝有白色"丁"字形毛，幼枝有棱，老枝褐色。羽状复叶，总状花序腋生，花疏生；花小蝶形，花冠紫红色。荚果圆柱形，褐色，种子椭圆形。

◆ **地理分布**：中国河北、山西、山东、河南、江苏、浙江、安徽、江西、湖北、湖南、四川、贵州、云南、陕西和甘肃等地分布，青海省的东部和西藏的东南部也少量分布。

◆ **生态特性**：再生力较强。对土壤要求不严格。适应土壤pH值4.5～7.5。喜通透性良好的湿润土壤，不耐水渍；在疏松、湿润、肥沃、排水良好的中性沙壤土中生长发育最好；在砂岩、页岩发育的中性至酸性的砾质沙土、黄壤土或由紫色页岩发育的棕壤土、红壤土中均能生长；在干燥、瘠薄的向阳山坡也能生长。适宜生长在年均温8.5～15℃、年均降水量500～1 500mm地区。可栽培供观赏。

◆ **饲用价值**：嫩枝和叶片质地柔软，略有甜香味，牛和绵羊、山羊均喜食。能量价值较高，是良好的木本饲用植物。可刈割青饲和青贮，也可晒制干草或制成草粉。

◆ **药用价值**：全株入药，清热止血，消肿生肌；外敷可治创伤。

胡枝子

拉丁学名：*Lespedeza bicolor* Turcz.
英文名：Bushclover Lespedeza

◈ **别名**：二色胡枝子、扫条。

◈ **形态特征**：豆科胡枝子属灌木。高 0.5～3m，分枝繁密，老枝灰褐色。三出复叶互生；托叶条形。总状花序腋生；花萼杯状，花冠蝶形，紫红色。荚果倒卵形；种子褐色，歪倒卵形，有紫色斑纹。

◈ **地理分布**：中国东北、内蒙古、华北、西北及湖北、浙江、江西、福建、台湾等地分布；国外蒙古国、俄罗斯、朝鲜、日本也有。

◈ **生态学特性**：中生性落叶灌木，耐阴，耐寒，耐干旱，耐瘠薄。根系发达，2 年生植株主根入土深 170～200cm，根幅 130～200cm。适应性强，对土壤要求不严格。通常生在暖温带落叶阔叶林区及亚热带的山地和丘陵地带，成为优势种。

耐寒性强。

◈ **饲用价值**：枝叶繁茂，适口性好，各种家畜都喜食，调制成草粉也是兔、鸡、猪的优良饲料。有机物质消化率略低于苜蓿，比其他灌木类高。

◈ **药用价值**：性甘，平，归心、肝经。清热润肺，淋水通淋。用于肺热咳嗽，顿咳，鼻衄，热淋。

达乌里胡枝子

拉丁学名：***Lespedeza davurica*** (Laxm.) Schindl.
英文名：Dahurian Bushclover

◆ **别名**：兴安胡枝子、牛枝子、牛筋子。

◆ **形态特征**：草本状半灌木。高20～60cm。茎单一或数个簇生。羽状三出复叶。总状花序腋生；花冠蝶形，黄白色至黄色。荚果小。

◆ **地理分布**：中国东北、华北、西北、华中至云南等地；国外朝鲜、日本、俄罗斯也有。

◆ **生态学特性**：属温带中旱生小半灌木，较喜温暖，性耐干旱，适生于年积温1 700～2 750℃、降水 量 300～400mm的地区。主要分布于森林草原和草原地带的山坡、丘陵坡地、沙质地，为草原群落的次优势成分或伴生成分。当草场沙化或旱化时，能较快地侵入，可成片生长。再生性弱，耐牧力不强。

◆ **饲用价值**：达乌里胡枝子为耐旱、耐瘠薄土壤的优良牧草，适于放牧或刈制干草，开花前为各种家畜所喜食，尤其马、牛、羊、驴最喜食，花期也喜食。适口性最好的部分为花、叶及嫩枝梢，开花以后，茎枝木质化，质地粗硬，适口性大大下降，故利用宜早，迟于开花期，家畜采食较差。

◆ **药用价值**：性味辛温，能解表散寒，去火清肝。主治感冒发热、咳嗽，在中医中被用作利尿、解毒药配合着使用。

美丽胡枝子

拉丁学名：*Lespedeza formosa* (Vogel) H. Ohashi
英文名：Beautiful Bushclover

◈ **别名**：马扫帚、三妹木、沙牛木、红布纱、鸡毛枝、羊古草。

◈ **形态特征**：灌木。高1～2m，幼枝有毛。三出复叶，小叶卵形、卵状椭圆形或椭圆状披针形。总状花序腋生，花萼钟状，花冠蝶形，紫红色。荚果卵形、椭圆形、倒卵形或披针形，稍偏斜，有锈色短柔毛。

◈ **地理分布**：中国山东、河南、陕西、甘肃、云南、贵州、广东、海南、台湾等地；国外朝鲜、日本和东南亚一些国家也有。

◈ **生态学特性**：暖性中生落叶灌木。适应性较广，耐旱，耐高温，耐酸性土，耐土壤贫瘠，也较耐郁蔽，常生于丘陵山地的林缘、灌丛和草丛中。多散生，但有时在森林火烧或砍伐迹地上，成为优势种，形成灌木群落。可作为花卉植物，用于绿化和美化环境。

◈ **饲用价值**：叶量大，枝嫩，叶片柔软。枝叶鲜嫩时，山羊、绵羊、牛均采食。粗蛋白质含量较高，富含无氮浸出物，粗纤维含量低，良等饲草。可作为优良灌木饲料品种进行栽培驯化。

◈ **药用价值**：性苦，平。为强筋活络、驱虫杀虫之药。根可入药，能凉血消肿，除湿解毒。

尖叶胡枝子

拉丁学名：*Lespedeza juncea* (L. f.) Pers.
英文名：Rush lespedeza

◆ **别名**：尖叶铁扫帚、细叶胡枝子。

◆ **形态特征**：草本状半灌木。高30～40cm，最高达1m。茎直立，分枝少，或上部分枝呈扫帚状。羽状三出复叶；总状花序腋生，花萼杯状，萼片披针形，比花冠短；花冠蝶形，白色，有紫斑。荚果宽椭圆形或倒卵形，有短柔毛；种子黄绿色，有紫色斑点。

◆ **地理分布**：中国东北及华北等地分布；国外朝鲜、日本、俄罗斯也有。

◆ **生态学特性**：适应性广，耐旱性强。在华北地区常和白羊草、达呼里胡枝子或为草原群落的优势种，在平原地区出现较少，海拔1 000～1 500m的低山分布较多，通常散生在碎石干旱山坡上，是华北地区山地天然草地中最常见的豆科牧草之一。

◆ **饲用价值**：叶小而密集，叶量丰富，无论放牧或刈割干草都较适宜。现蕾前期，叶和上部嫩枝的适口性较好，羊喜食。开花后家畜采食较少，结实期适口性降低。调制干草，各种家畜均喜食。

◆ **药用价值**：性苦、涩，微寒，归脾、大肠经。止泻，止血，利尿。用于痢疾，遗精，吐血，子宫脱垂。

天蓝苜蓿

拉丁学名：*Medicago lupulina* L.
英文名：Black Medick Hop clover

◈ **别名**：天蓝。

◈ **形态特征**：一年生或多年生草本。主根细长。茎匍匐或稍直立，三出复叶，小叶宽倒卵形至菱形，托叶斜卵形。花萼钟状；花冠蝶形，黄色花冠稍长于花萼。荚果弯曲呈肾形，黑色，有纵纹，被柔毛。种子黄褐色。

◈ **地理分布**：在中国，除青藏高原的高寒地和荒漠外，其他各地在海拔高度2 200～2 300m处均分布；国外俄罗斯、蒙古国、日本、朝鲜等东南亚及欧洲各国也有。

◈ **生态学特性**：耐潮湿，耐热，但不耐水淹。轻壤土、沙壤土、山地黄棕壤土、黄壤土、黏壤土中均能良好生长，在pH值7左右、水湿条件适中的轻壤土中生长最好。天蓝苜蓿

具有较强的耐寒性，在-23℃的低温下仍能顺利越冬，在湿度较好的条件下，-28℃也能越冬。耐旱性很强，在严重干旱时，地上部分枯黄，一遇降水，即能从根部发出新枝，恢复生长。

◈ **饲用价值**：植株柔软，无异味，茎、叶比为3∶7，特别是密生状况下，叶量尤为丰富。蛋白质含量高、脂肪高、无氮浸出物高、粗纤维低，营养价值不次于紫花苜蓿。适口性好，是绵羊、猪、兔、鹅喜食的饲料。

◈ **药用价值**：性甘，微涩，平，归肝经。清热利湿，凉血止血，舒筋活络。用于黄疸，便血，痔疮出血，蛇咬伤；白血病，坐骨神经痛，风湿骨痛，腰肌损伤。

白花草木樨

拉丁学名：*Melilotus albus* Desr.
英文名：White Sweetchover

◈ **别名**：金花草、白香草木樨。

◈ **形态特征**：二年生草本。高1～3m。直根伸长2m以上，侧根发达，茎直立，圆柱形，中空，全株有香味。叶为羽状三出复叶，小叶椭圆形或长圆形；托叶较小，锥形或条状披针形。总状花序腋生，花萼钟状；花冠蝶形，旗瓣较长于翼瓣。荚果小，椭圆形，下垂，表面有网纹，种子肾形，黄色或褐黄色。

◈ **地理分布**：中国河北、内蒙古、陕西、甘肃等地有野生种分布，西北、东北、华北等地有悠久栽培历史。近年辽宁西部、陕西北部、甘肃东部、山西北部、内蒙古东部、吉林西部、江苏北部、山东北部、河北北部和黑龙江等地种植较好。国外欧亚温带作为乳牛的放牧场和混播作物及轮作栽培。

◈ **生态学特性**：适应性很广。对土壤适应能力强，在一般的黄土、黏土、沙砾土、沙壤土以及瘠薄的碱性土壤中均能生长良好。喜欢富含石灰质的土壤。耐瘠薄、耐盐碱性超过紫苜蓿，在土壤总含盐量达0.15%～0.33%、pH值7.5～9时种植均可成功。对酸性土壤适应较差。喜欢湿润气候，抗逆适应范围比紫苜蓿广，抗热力中等，也耐寒冷，能耐-30℃以下的低温。

◈ **饲用价值**：牛、羊等家畜的优良饲草，可以放牧、青刈，制成干草或青贮。含有香豆素，开花、结实时含量最多，幼嫩及晒干后气味减轻。因此，应尽量在幼嫩或晒干后喂饲，提高适口性和利用率。

> **注意事项**
>
> 发霉或腐败，香豆素转变为抗凝血素，家畜食后，易引起内出血而死亡，尤以小牛较为突出，马和羊少见。因此，要特别注意。

饲喂大家畜时，用其干草与谷草对半混喂最好。青饲最好早上刈割，晾晒4～5d，茎叶萎蔫铡细饲喂；喂猪时，将切碎的白花草木樨煮熟，捞出放到清水里浸泡，消除香豆素的苦味，猪更爱吃；若掺上糠麸、粉浆、泔水和精料等，可提高利用率。

药用价值：清热解毒，化湿杀虫，截疟，止痢。用于暑热胸闷、疟疾、痢疾、淋证、皮肤疮疡。

细齿草木樨

拉丁学名：*Melilotus dentatus* (Waldstein & Kitaibel) Persoon
英文名：Toothed Sweetclover

◆ **别名**：无味草木樨。

◆ **形态特征**：二年生草本。株高 50～150cm；小叶长椭圆形，总状花序细长；花冠黄色，荚果无毛。

◆ **地理分布**：中国东北西部、华北及内蒙古中东部、黄河流域的宁夏、陕西、河南、山东等地。

◆ **生态学特性**：中生植物，喜生于低湿的生境，能忍耐轻盐渍化土壤。在东北西部、内蒙古中东部，见于低湿地草甸或湖滨轻盐渍化草甸土上；在华北平原偶尔散见于村庄附近及田边、道旁；在宁夏黄河中游两岸，有时大量出现，组成以细齿草木樨为建群种的河漫滩草甸。夏秋季节，花繁叶茂，蔚为壮观。

◆ **饲用价值**：因香豆素含量低，营养成分含量较丰富，适口性良好。适时刈割或放牧，各种家畜均甚喜食。

◆ **药用价值**：味辛，性平。和中，健胃、清热化湿，利尿。主治暑湿胸闷，口腻、口臭，赤白痢，淋病、疖疮。

红车轴草

拉丁学名：*Trifolium pratense* L.
英文名：Red Clover

◆ **别名：**红三叶草、红荷兰翘摇、红菽草。

◆ **形态特征：**多年生草本。高 30～80cm，主根入土深达 1～1.5m。茎直立或斜升。叶互生，三出复叶，托叶卵形，花序球状或卵状，顶生，花萼钟状；花冠蝶形，红色或淡紫红色。荚果倒卵形，种子椭圆形或肾形，棕黄色或紫色。

◆ **地理分布：**在中国新疆、吉林、云贵高原、湖北鄂西山地都有野生。原产于小亚细亚和欧洲西南，在欧洲各国及俄罗斯、新西兰等国海洋性气候的地区广泛栽培。

◆ **生态学特性：**喜温暖湿润气候，最适宜生长在夏天不太炎热、冬天温暖、年降水量达 1 000mm 的地区。对土壤要求以排水良好、土质肥沃、富含钙质的黏壤土为最适宜，壤土次之，在贫瘠的沙土地上生长不良。喜中性至微酸性土壤，适宜 pH 值 5.5～7.5，若土壤含盐量高达 0.3% 则不能生长，强酸或强碱以及地下水位过高的地区都不适宜红三叶生长。

◆ **饲用价值：**对各种家畜适口性都很好，马、牛、羊、猪、兔喜采食。

◆ **药用价值：**性微甘，性平，归肺经。止咳平喘，解痉止痛。用于咳嗽，痰喘，咽喉肿痛，胃肠绞痛，痛经。

蚕豆

拉丁学名：*Vicia faba* L.
英文名：Briadbean, Bean

◆ **别名**：胡豆、佛豆、小胡豆。

◆ **形态特征**：一年生草本。圆锥根系，主根粗大，入土深达 90～120cm。茎通常直立，呈四棱方形，中空。互生偶数羽状复叶；托叶扇形，总状花序，萼钟状，荚果大而肥厚，表面密生茸毛；饲用种子粒多呈圆形；种皮白色、褐色、淡绿色或深紫色。

◆ **地理分布**：主要分布于长江以南及西南的水稻区，以四川最多，在内蒙古、青海、甘肃等地均有较好的收成。四川作为猪饲料栽培于丘陵、平坝地区极为普遍，山地栽培海拔高度可达 2 000～3 000m，在康定河谷海拔 2 600m 左右，种子仍能丰产；国外分布北界可达北纬 60°，在中亚高原分布高度可达海拔 4 000m 处。

◆ **生态学特性**：适宜土质为富含有机质的黏性壤土和泥土，特别适宜在水稻土种植。具较强的耐湿性。对碱性土壤有较好的抗力，能忍耐 pH 值 9.6 的强碱性土壤，不耐酸性土，不含磷和缺硼的土壤对蚕豆生长不利。土壤水分以湿润为佳，若排水不良或渍水，易引起褐斑病、立枯病、锈病等病害。喜光、长日照，光照充足生长良好，种子饱满、高产；光照差则种子产量低，但茎叶生长较好。北方品种引到南方，结荚困难。

有较好的分株特性，饲用蚕豆耐湿、耐涝、耐低温，不择土壤，优于多种粮用或菜用品种。

◆ **饲用价值**：茎叶可作青饲料，马、牛采食，猪喜食，羊和兔少食。种子泡制后喂马、驴、骡、牛等均喜食。常作为耕牛越冬或春耕期的主要补充饲料，驮运、拉车役畜的重要精料。对培肥地力有益，作为蔬菜生产，在获取嫩豆的同时可收 1 500～2 000kg 优质青料。

◆ **药用价值**：味甘微辛，性平。蚕豆花凉血解毒，止血，止带，降血压；蚕豆梗止血，止泻；蚕豆荚清热解毒。

白皮锦鸡儿

拉丁学名：*Caragana leucophloea* Pojark.
英文名：White-bark Peashrub

◆ **形态特征**：灌木。高 1～1.5m，树皮黄白色，枝条开展，小枝密被短柔毛，常带紫红色。中下部有关节，花萼筒状，疏被短柔毛，基部偏斜，萼齿三角形；花冠黄色；子房无毛，荚果条形。

◆ **地理分布**：中国内蒙古西部、甘肃河西走廊、新疆等地；国外蒙古国西部、中亚也有。

◆ **生态学特性**：强旱生灌木，耐干旱、抗风沙的能力极强，其分布地区的生态环境极端严酷，地表基岩裸露或满铺砾石，砾石表面具有黑褐色的荒漠漆皮，阳光强烈，空气灼热、干燥，大气极端干旱，常年多风，夏热冬寒，温差剧烈。年降水量多在 50mm 以下，冬春多大风，全年大风日数达 85～90d，地面剥蚀极强，使土壤高度石质化，在残丘地段多为砾质石膏灰棕荒漠土，山前洪积扇为砾质灰棕荒漠土，在古河床和现代侵蚀沟多为沙质原始灰棕荒漠上。

◆ **饲用价值**：灌丛较高大，是荒漠地区骆驼和山羊的良等饲用植物。骆驼一年四季均喜食，山羊在春季喜食其花及嫩枝，于夏季和秋季喜食其当年生枝。

◆ **药用价值**：性微温。根可活血，利尿，止痛，强壮。花可祛风平肝，止咳。主治体虚无力，浮肿，乳汁不足，风湿关节痛，跌打损伤，高血压，肺虚久咳，体虚白带多。

紫荆

拉丁学名：*Cercis chinensis* Bunge.
英文名：Chinese Redbud

◆ **别名**：裸枝树、紫珠。

◆ **形态特征**：丛生或单生灌木。高2～5m，树皮和小枝灰白色。叶纸质。花紫红色或粉红色，龙骨瓣基部具深紫色斑纹；子房嫩绿色，花蕾时光亮无毛。荚果扁狭长形，绿色，种子黑褐色，光亮。

◆ **地理分布**：中国华东、华中、华南和西南各地及辽宁、陕西和甘肃省等地分布。

◆ **生态学特性**：喜光照，有耐寒性。喜肥沃、排水良好的土壤，不耐淹。萌蘖性强，耐修剪。

◆ **饲用价值**：属中等饲用植物。

◆ **药用价值**：性苦，味平，入心、肝经。为活血消肿止痛的药物，还有清热解毒、利水通淋的作用。紫荆皮对常见化脓性球菌和肠道致病菌有较强的抑制作用。

藜 科

- 西伯利亚滨藜
- 藜
- 杂配藜
- 刺藜
- 地肤

- 碱地肤
- 猪毛菜
- 中亚滨藜
- 雾冰藜

- 刺沙蓬
- 菠菜
- 碱蓬
- 尖头叶藜

西伯利亚滨藜

拉丁学名：*Atriplex sibirica* L.
英文名：Sbirian saltbush

◈ **别名**：刺果粉藜。

◈ **形态特征**：一年生草本。高 20～50cm，茎钝四棱形，具纵条纹。叶互生，具短柄；叶片菱状卵形或卵状三角形，小型叶片边缘波状齿不明显或近全缘，花簇生于叶腋呈团伞状，生于茎上部的形成短穗状花序。种子扁球形，红褐或黄褐色。

◈ **地理分布**：中国的东北、华北、西北等地；国外蒙古国、俄罗斯的西伯利亚南部、哈萨克斯坦及中亚一带也有。

◈ **生态学特性**：盐生中生草本植物，多生长在中国温带、暖温带、海滨湿润地区，向西到草原区及荒漠区碱化、盐化土壤上，荒漠草原带向西其分布逐渐增多，常见于河谷冲积平原、湖滨平原、丘陵低洼地。常聚生于盐碱化的田埂、渠边、撂荒地和村落、畜舍附近，是农区、半农牧区习见的农田杂草。

◈ **饲用价值**：中下等饲用植物。青绿时适口性不高，秋季霜后至渐干，羊、牛乐食。骆驼乐食至喜食，尤其爱吃果实。马一般不吃。

◈ **药用价值**：果实可入中药，有清肝明目、祛风消肿的功效。

藜

拉丁学名：*Chenopodium album* L.
英文名：Lamb'squarters

◆ **别名**：灰菜、白藜、灰条菜。

◆ **形态特征**：一年生草本。高30～150cm，茎直立，粗壮，圆柱形，具棱，有沟槽及红色或紫红色的条纹，嫩时被白色粉粒。多分枝，枝条斜升或开展。叶具长柄，花绿色，多数花簇排列成腋生或顶生的圆锥花序；背部中央绿色，具纵隆脊和膜质边缘，先端钝或微尖；花柱短，果皮与种子贴生。种子横生，双凸镜形。边缘钝，黑色，有光泽；具浅沟纹。胚环状，有胚乳。

◆ **地理分布**：中国各地；国外遍及全球温带及热带地区。

◆ **生态学特性**：再生性较强，幼嫩植株被家畜采食或刈割后可从茎基部萌发出大量的枝条。种子繁殖，出苗后经短时间的营养生长，很快进入花期。适应性和抗逆性非常强，耐瘠薄、耐盐碱，对土壤要求不严，一般的土壤上均能生长，但在中性和偏碱性的土壤上生长较好，最适 pH 值 7.5～8，土壤 pH 值达 8.5 时亦能生长。喜光，也耐阴，在阳光充足的条件下生长最好，但在树荫下生长亦良好。在不良的环境条件下，虽然长得低矮、瘦弱，但也能开花结实。对水分的生态幅度适应较宽，既可生长在较湿润的环境中，又能忍耐一定的干旱。性喜氮。

◆ **饲用价值**：中等饲用植物。质地鲜嫩柔软，无特殊气味，富含水分，易消化，营养丰富。青鲜草马不喜食，牛、羊、骆驼最喜食，干草马喜食，牛、羊最喜食，可调制成干草或青贮，作为牛、羊的冬季饲料。藜是猪的优良饲料。幼苗、嫩茎叶及种子，猪极喜食，并可终年利用，可以多次刈割、切碎，生湿喂或发酵喂均可。开花结果后，将花序连同嫩枝叶采回，切碎湿喂或青贮发酵喂。秋后将成熟的种子采回，晒干，炒熟，粉碎后可代替精饲料。也可整株喂，但一定要注意生喂，因煮熟喂可引起中毒。

◆ **药用价值**：性甘，味平，微毒，归肺、脾、大肠经。清热利湿，杀虫。用于慢热泄泻，痢疾，白癜风，疥癣湿疮，毒虫咬伤，龋齿。

杂配藜

拉丁学名：*Chenopodiastrum hybridum* (L.) S. Fuentes, Uotila & Borsch
英文名：Mapleat gossefoot

◆ **别名**：大叶藜、杂灰藜、大叶灰菜。

◆ **形态特征**：一年生草本。高40～120cm，茎直立，粗壮，无毛，有条棱，分枝或不分枝，枝条细长，斜伸。叶互生，叶片宽卵形至卵状三角形，两面均为淡绿色，质薄。花通常数个团集，为大圆锥花序。

◆ **地理分布**：中国东北、华北、西北、浙江、四川、云南、西藏等地；国外北美洲、朝鲜、日本、印度、蒙古国、欧洲也有。

◆ **生态学特性**：生于村边、路旁、山沟、林缘、荒地、杂草地。

◆ **饲用价值**：主要做猪的饲料，粗蛋白质含量较丰富，粗纤维少，富含灰分和碳水化合物，为中等饲用植物。

◆ **药用价值**：性甘，味平，归心、肾、小肠经。止血，调经。用于吐血，咯血，尿血，鼻衄，崩漏，月经不调，痈疮肿毒，蛇虫咬伤。

刺藜

拉丁学名：*Teloxys aristata* (L.) Moq.

◈ **别名**：野鸡冠子草、针尖藜、刺穗藜。

◈ **形态特征**：一年生草本。植物体通常呈圆锥形，高10～40cm，无粉，秋后常带紫红色。茎直立，圆柱形或有棱，具色条，无毛或稍有毛，有多数分枝。叶条形至狭披针形。复二歧式聚伞花序生于枝端或叶腋，末端分枝针刺状。

胞果顶基扁（底面稍凸），圆形；果皮透明，与种子贴生。种子横生，顶基扁，周边截平或具棱。

◈ **地理分布**：中国东北、华北、西北、山东、河南、四川等地。

◈ **生态学特性**：生于田间、路旁、村边、山坡以及退化草地，适生于沙质土壤，极耐旱。

◈ **饲用价值**：各种家畜均采食，属中低等饲用植物。

◈ **药用价值**：味淡，性平。祛风止痒。

主治皮肤瘙痒，荨麻疹。

地肤

拉丁学名：***Bassia scoparia*** (L.) A. J. Scott
英文名：Belvedere, Broom cypress

◆ **别名**：扫帚菜。

◆ **形态特征**：一年生草本。高可达 1m 以上，直立；分枝斜上，呈扫帚状，枝具条纹，绿色或带淡红色，秋季常变红色，被柔毛。叶互生，披针形或条状披针形，扁平，花两性或雌性、无柄，花生于上部叶腋，于枝端排成穗状花序疏密不等；基部连合，黄绿色，卵形，内曲。结果时自背部横生三角状突起或翅；伸于花被外。胞果扁球形，包于花被内；种子横生，胚环形。

◆ **地理分布**：中国各地；国外朝鲜、日本、蒙古国、印度、西伯利亚和中亚地区、中欧、北非及美洲西部、北部也有。

◆ **生态学特性**：具有抗寒、耐旱、耐盐碱、抗风沙的特性，对气候、土壤、水分等生态因子有着广泛的适应性。

◆ **饲用价值**：生长期长，茎叶质地柔嫩，叶、花序含量丰富，适口性好，营养价值高，为优等饲用植物。

枝叶在整个生育期内为各类家畜特别喜食，果实成熟之后，枝条木质化程度增强，种子及叶片的脱落，适口性有所下降。调制成干草，羊、牛、马、兔、骆驼喜食。在花期刈割，加工成干草粉，可作为猪、鸡、鸭、鹅的良好饲料。地肤有较高的营养价值，蛋白质含量高，粗纤维含量较低，营养期的粗蛋白质含量可占干物质重的 27.47%，其他生育期约 15%，粗纤维的含量各发育阶段（枯黄期除外）均在 15%～25%。地肤对反刍动物牛、羊来说，有很高的可消化性和可消化粗蛋白质、消化能、代谢能。

◆ **药用价值**：性辛、苦、寒。归肾、膀胱经。主治清热利湿，祛风止痒。用于小便涩痛，阴痒带下，风疹，湿疹，皮肤瘙痒。

碱地肤

拉丁学名：*Bassia scoparia* (L.) A. J. Scott

◆ **形态特征**：一年生草本。高 10～100cm，花集生于叶腋的束状密毛丛中，多数花于枝上端排列成穗状花序。翅具明显脉纹，顶端边缘具钝圆齿。胞果扁球形，包于花被内。

◆ **地理分布**：中国东北、华北、西北等地；国外中亚、阿尔泰、西伯利亚、蒙古国也有。

◆ **生态学特性**：耐盐碱的旱生、中旱生植物，生长在碱性、沙质和沙砾质栗钙土、棕钙土、灰钙土、淡灰钙土上，也能在荒漠带的盐渍化低地上生长。常见于我国北方草原带的盐碱化草原、荒漠草原地带，河谷冲积平原、阶地和湖滨的芨芨草群落也很常见。在村落居民点、畜圈附近以及沟渠边、路旁和有灌溉条件的农田、林地上可形成小面积的纯群落。

◆ **饲用价值**：中等饲用植物。青绿状态羊、骆驼乐食，幼嫩时猪和家禽也吃；冬、春季家畜较喜食，虽然枯黄后小枝和叶都脱落，所留残基质地粗硬，但骆驼、羊仍爱吃；牛夏季不吃，冬季爱吃，马全年不吃。多雨年份或灌溉地上，碱地肤生长高大，可于夏秋季刈制干草，供冬季补饲家畜用。碱地肤在幼嫩时可采集供人食用，是备荒的野草。

◆ **药用价值**：果实及全草入药，果实称"地肤子"，有清热、祛风、利尿、止痒的功效；外用可治疗皮癣、湿癣。

猪毛菜

拉丁学名：*Kali collinum* (Pall.) Akhani & Roalson
英文名：Common Russian-thistle

◈ **别名**：扎蓬棵、山叉明棵。

◈ **形态特征**：
一年生草本。高达 1m，茎近直立，通常由基部多分枝。叶条状圆柱形，肉质，先端具小刺尖，基部稍扩展下延，深绿色或有时带红色，光滑无毛或疏生短糙硬毛。穗状花序，狭披针形，先端具刺尖，边缘膜质；透明膜质，披针形，果期背部生出不等

形的短翅或革质突起。胞果倒卵形，果皮膜质；种子倒卵形。

◈ **地理分布**：中国东北、华北、西北、西南、河南、山东、江苏、西藏等地；国外朝鲜、蒙古国、巴基斯坦、中亚、俄罗斯等也有。

◈ **生态学特性**：适应性、再生性及抗逆性均强，为耐旱、耐碱植物，有时成群丛生于田野路旁、沟边、荒地、沙丘或盐碱化沙质地，为常见的田间杂草。

◈ **饲用价值**：中等品质饲草。幼嫩茎叶，羊少量采食。切碎可生喂猪、禽，也可发酵饲用。分枝期含粗蛋白质丰富，无氮浸出物，灰分也多。开花期以后，蛋白质含量下降，无氮浸出物增多。

◈ **药用价值**：性甘、淡、凉。归肝经。主治平肝潜阳，降血压。用于肝阳上亢，头痛眩晕；高血压症。

中亚滨藜

拉丁学名：*Atriplex centralasiatica* Iljin
英文名：Central- Aisa saltbush

◈ **别名**：中亚粉藜。

◈ **形态特征**：一年生草本。高20～40cm，通常自基部分枝。叶互生，有短柄，叶片卵状三角形至菱状卵形，花腋生，集成团伞花序，单性，雌雄同株；雌花无花被，近菱形，果期增大，表面具多数疣状或肉棘状附属物，上部边有齿，果叶包被果实。胞果扁平，宽卵形或圆形。种子直立，红褐色或黄褐色，直径2～3mm。

◈ **地理分布**：中国吉林、辽宁、内蒙古、河北、山东、山西（北部）、陕西（北部）、宁夏、甘肃、青海、新疆、西藏等地；国外蒙古国、中亚、西伯利亚也有。

◈ **生态学特性**：光照要求不严格，荫蔽条件下仍能正常发育。耐瘠薄，抗盐碱，在盐碱地中能健壮生长，脱盐较好的农田反而不利其生长。

◈ **饲用价值**：猪、禽、牛、羊均食。从分枝期到开花前，茎叶幼嫩，纤维少，猪和家禽最喜食。刈割后的再生茎叶仍具有幼嫩适口性，可再牧或再刈割利用。半肉质化的叶片，全生育期都可饲用。在干旱、盐碱沙荒地，其他植物难以生长、植被覆盖度很低的生境下，中亚滨藜可繁茂生长，是低劣环境中比较好的野生饲草。综合评价为品质中等饲用植物。

◈ **药用价值**：果实可入药，药称"软葵藜"。能祛风、明目、疏肝解郁。

雾冰藜

拉丁学名：***Grubovia dasyphylla*** (Fisch. & C. A. Mey.) Freitag & G. Kadereit
英文名：Chenopodium glaucum

◆ **别名**：巴西藜、五星蒿。

◆ **形态特征**：一年生草本。高5～80cm，直立，茎具条纹，多分枝；全株呈球形或卵状，密被水平伸展的白色长柔毛。叶互生，肉质，条状半圆柱形或圆柱形，先端钝圆，基部渐狭，无柄。花两性，花柱甚短，胞果卵圆形；种子小，近圆形，光滑。

◆ **地理分布**：中国的东北、华北、西北、山东、西藏等地；国外蒙古和俄罗斯也有。

◆ **生态学特性**：常散生或群生于草原、半荒漠和荒漠地区的沙质或沙砾质土壤，也多见于这些地区的半固定或固定沙丘、平坦沙地以及轻度的盐碱地；常见于沙漠和流动沙地的边缘地区；更常见于村落、居民点和畜圈附近、具有灌溉条件的农田、林地和荒地。

雾冰藜生长地的土壤为沙砾质棕钙土、灰钙土、淡棕钙土、淡灰钙土以至灰漠土、灰棕荒漠土；有时轻度盐渍化。

◆ **饲用价值**：半荒漠和荒漠地区分布很广，数量很多，但饲用价值不高。牛全年不吃，马于夏末秋初采食，山羊、绵羊仅秋季乐食，骆驼秋冬季乐食。与其他一年生藜科、禾本科野生牧草等混贮，可起到抗灾保畜的作用。

◆ **药用价值**：全草入药，能清热祛湿及治疗脂溢性皮炎。

刺沙蓬

拉丁学名：*Kali tragus* Scop.
英文名：Cisapodium japonicum

◆ **别名**：刺蓬。

◆ **形态特征**：一年生草本。高15～50cm，茎直立或斜升，由基部分枝，坚硬，具白色或紫红色条纹。叶互生，条状圆柱形，肉质，穗状花序；透明膜质，结果时于背侧中部横生5个翅，淡紫红色，胞果倒卵形。

◆ **地理分布**：中国东北、华北、西北、西藏、山东及江苏等地；国外蒙古国及俄罗斯也有。欧亚大陆温带草原和荒漠区的广布种。

◆ **生态学特性**：温带旱中生植物，能忍耐干旱，但株丛的大小、多少，常受雨量的制约。一般多雨年份或在水分条件较好且土质松软的土壤中发育良好，可形成大量植丛，能改变草场面貌。干旱年份则个体稀疏，发育也较瘦弱。干枯后植物体变得脆硬，植株近茎部易被风折断。对土质要求不严，常生于沙质或沙砾质土壤，喜疏松土壤，常生于农田或撂荒地。

◆ **饲用价值**：夏秋季，肉质多汁。冬春季，干燥硬质。中等饲用植物。青鲜时骆驼喜食，牛、马、驴乐食，绵羊、山羊亦乐食。干枯状态骆驼最喜食，羊亦喜食，牛和马少食。幼嫩时可调制青贮料或刈制干草，作为冬春贮备饲草。

◆ **药用价值**：刺沙蓬地上部分可入药，能降低血压。

菠菜

拉丁学名：*Spinacia oleracea* L.
英文名：Spinach

◈ **别名**：波斯菜、菠薐、菠柃、鹦鹉菜、红根菜、飞龙菜。

◈ **形态特征**：一年生草本。高可达 1m，软弱，无粉。根圆锥状，带红色，较少为白色。茎直立，中空，不分枝或有少数分枝。叶戟形至卵形，肥厚，多汁。花单性，雌雄异株；穗状花序；雌花簇生于叶腋，无花被；子房球形，柱头外伸。胞果卵形或近圆形，两侧扁。

◈ **地理分布**：原产伊朗，中国普遍栽培。

◈ **生态学特性**：长日照植物。喜温和气候条件，但也能耐低温。在北方，冬季最低平均温度 –10℃左右有刺种的成株可露天安全越冬，温度稍低时采用风障和简单覆盖也可。营养生长适温为 20℃左右，高温抑制生长。对土壤的适应性广，但以潮湿而富含腐殖质的沙壤土为最好。适宜的土壤 pH 值为 7.3～8.2，不耐过酸土壤。对水分要求高，水分必须充足。

◈ **饲用价值**：茎叶柔嫩多汁，富含粗蛋白质和无氮浸出物，灰分也高，富含维生素及磷、铁。各种家畜均喜食。

◈ **药用价值**：菠菜种子主治心痛和内脏器官痛，可降热，治结核性发烧，平热性炎肿并软化肿块。带根全草甘，凉。滋阴平肝，止咳，润肠。用于头痛、目眩、风火赤眼、消渴、便秘。果实微辛、甜，微温。祛风明目，开通关窍，利胃肠。

碱蓬

拉丁学名：*Suaeda glauca* (Bunge) Bunge
英文名：Saline seepweed

◆ **别名**：海英菜、碱蒿、盐蒿。

◆ **形态特征**：一年生草本。高30～100cm，茎直立，浅灰绿色，圆柱形，具纵条纹，上部分枝开展可形成大丛。全株灰绿色。叶肉质，半圆柱状条形，先端钝或略呈急尖；表面光滑或被粉粒，稍向上弯曲。茎上部叶片渐短。花小，球形，具短花丝；子房卵形，果时花被增厚，各具突瘠包于胞果外围，外观呈五角星状。种子近圆形，黑色，具颗粒状纹点。

◆ **地理分布**：中国东北、华北及西北的甘肃、宁夏、陕西和华东沿海一带分布；国外朝鲜、日本、蒙古国南部及俄罗斯也有。

◆ **生态学特性**：抗逆性强，耐盐，耐湿，耐瘠薄，在河谷、渠边潮湿地段和土壤极其瘠薄的盐滩光板地均能正常生长发育。

◆ **饲用价值**：低等饲用植物。幼嫩时猪少食其叶，骆驼乐食，牛、马等大家畜一般不食。

◆ **药用价值**：具有防止血栓形成、抗肿瘤、抗动脉粥样硬化、抗氧化、降低体内脂肪、增加肌肉等作用。

尖头叶藜

拉丁学名：*Chenopodium acuminatum* Willd.
英文名：Chenopodium acuminatum

◆ **形态特征**：一年生草本。高20～80cm，茎直立，具条棱及绿色色条，有时色条带紫红色，多分枝；枝斜升，较细瘦。叶片宽卵形至卵形，茎上部的叶片有时呈卵状披针形，灰白色，全缘并具半透明的环边。

花两性，穗状或穗状圆锥状花序，花序轴（或仅在花间）具圆柱状毛束；花被扁球形，胞果顶基扁，圆形或卵形。种子横生，黑色，有光泽，表面略具点纹。

◆ **地理分布**：中国黑龙江、吉林、辽宁、内蒙古、河北、山东、浙江、河南、山西、陕西、宁夏、甘肃、青海、新疆等地分布；国外日本、朝鲜、蒙古国及俄罗斯也有。

◆ **生态学特性**：生于田间、荒地、村旁、路旁、轻盐碱地、海滨沙地。

◆ **饲用价值**：饲用价值低，猪采食。

◆ **药用价值**：全草治疮伤，用于风寒头痛，四肢胀痛。

蓼 科

- 荞麦
- 叉分蓼
- 水蓼

- 酸模叶蓼
- 红蓼

- 珠芽蓼
- 沙拐枣

荞麦

拉丁学名：*Fagopyrum esculentum* Moench
英文名：Common Buckwheat

◆ **别名**：甜荞、三角麦。

◆ **形态特征**：一年生草本。高 30～90cm，主根较短，侧根发达。茎直立，多分枝，有棱，中空，光滑，幼茎实心。淡绿色，后渐变紫红色，成熟后为红褐色。下部叶有长柄，上部叶近无柄；叶片三角形或卵状三角形。总状或圆锥花序，顶生或腋生，花盘具腺状突起；瘦果卵状三棱形，先端渐尖，褐色或灰色，光滑。

◆ **地理分布**：原产于中国的湿润山区，世界各地均有栽培，俄罗斯栽培最多，其种植面积占世界荞麦总面积的 65%，居第一位，中国居第二位。日本及中国各地常分布有野荞麦。

◆ **生态学特性**：幼苗生长迅速，能很快覆盖地面，抑制杂草滋生。性喜凉爽湿润气候，不耐高温、寒冷和干热风，生育期短，一般 60～90d，早熟种 60d，中熟种 60～80d，晚熟种 80d 以上，是优良填闲饲料作物。春性短日照作物，要求总积温 1 000～1 200℃。种子在一般管理条件下生活力 2～3 年。对土壤要求不严，吸收磷的能力很强，不适宜种植其他禾谷类作物栽培的瘠薄土壤或新垦土地均可种荞麦，但重盐碱地需改良后种植。

◆ **饲用价值**：青刈荞麦柔嫩多汁，为猪、牛、羊优良青饲料，亦可调制干草，或与甜菜叶、青玉米等混合青贮。荞麦秸可直接饲喂牛、羊或粉碎喂猪。籽粒富含淀粉、蛋白质、钙、磷、铁、维生素 B_1、维生素 B_2 等营养物质，可作家畜的精料。

◆ **药用价值**：性甘、酸，寒，归脾、胃、大肠经。降气宽肠，导滞，消肿解毒。用于肠胃积滞、腹痛泄泻、痢疾、白浊、带下、瘰疬、小儿丹毒、烧烫伤、疮疖初起、鸡眼。

叉分蓼

拉丁学名：*Koenigia divaricata* (L.) T. M. Schust. & Reveal
英文名：Divaricate Knotweed

◈ **别 名**：酸浆、酸不溜。

◈ **形态特征**：多年生草本。高达 1m 左右，茎直立，多分枝，疏散而开展，外观呈圆球状。托叶鞘膜质。叶有短柄或近无柄，叶片椭圆形或披针形以至条形，圆锥花序疏松开展，花小，白色或淡黄色；瘦果椭圆形，黄褐色，有光泽，比花被长。

◈ **地理分布**：中国东北、内蒙古、河北和山西等地；国外朝鲜、蒙古、俄罗斯也有。

◈ **生态学特性**：中旱生植物，是草甸草原和草原群落中常见伴生种。除盐渍化土壤外，一般生境均可生长，适应性广，野生于山坡草地或林缘灌丛、丘陵、沟谷、沙丘、草甸及田边、路旁、住宅附近的撂荒地。多零散分布，未见大片群落。分枝多，形成球形，是草房上的风滚草，种子量大，借助于滚动传播种子。

◈ **饲用价值**：幼嫩茎叶味酸甜，各种家畜适口性不等。春季或秋季青饲料资源，枝叶细嫩、繁茂，可供牛、猪、羊放牧用，营养期割取地上部全草，切碎可生喂，成熟后割取嫩枝饲喂。

◈ **药用价值**：全草及根均可入药。味酸苦而涩，性凉。清热，消积，散瘿，止泻。主治小肠积热，瘿瘤，热泻腹痛。

水蓼

拉丁学名：*Persicaria hydropiper* (L.) Spach
英文名：Red-knees, Marsh pepper, Smart weed

◈ **别名**：辣蓼、水胡椒、辣柳菜。

◈ **形态特征**：一年生草本。茎直
立或倾斜，高 30～80cm。托叶鞘
圆筒形，膜质；叶通常具短柄，叶
片披针形，花穗细长，下部间断，
腋生或顶生；花疏生，苞片钟形，
花梗比苞片长，淡绿色或粉红色，
有腺点；瘦果卵形，通常一面平一
面凸，稀三棱形，暗褐色，具小点。

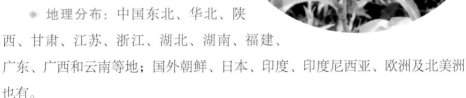

◈ **地理分布**：中国东北、华北、陕
西、甘肃、江苏、浙江、湖北、湖南、福建、
广东、广西和云南等地；国外朝鲜、日本、印度、印度尼西亚、欧洲及北美洲
也有。

◈ **生态学特性**：中湿生植物，喜湿、喜光，最适生长在阳光充足的中性条
件，常在田野水边或山谷低湿地散生或群生，是草甸、沼泽草甸和草甸化沼泽
群落中常见的伴生种。适应性较强，对土壤要求不严，耐瘠薄，在 pH 值小于
8.5 的轻碱性土壤上均能正常生长发育；也有一定的耐阴性，在雨量充沛的林
缘和灌草丛内也常有生长。个体生长的可塑性较大，土壤状况良好及生长空间
充分的环境从基部开始多分枝，生物量大，种子产量高；在环境条件较差时，
多不分枝，生物量小，仅在顶端产生少量种子。果实随成熟随脱落，散布在母
株附近，有时随雨水或借助于流水再散布。

◈ **饲用价值**：青嫩多汁，产量高，适口性好，营养丰富。牛、羊、猪均喜
食。青贮、晒制干草是大家畜和猪、鹅的良等饲草。

◈ **药用价值**：祛暑开窍，祛湿止痛，化瘀止血，杀虫解毒。用于中暑昏
厥、疹气脘腹冷痛、风湿痹痛、泄泻、痢疾、湿疹瘙痒、跌扑瘀痛、毒蛇咬
伤、疮痈肿痛、咽痛、牙痛。

酸模叶蓼

拉丁学名：*Persicaria lapathifolia* (L.) S. F. Gray
英文名：Dockleaved Knotweed

◆ **别名**：大马蓼、旱苗蓼、蓼吊子、夏蓼。

◆ **形态特征**：一年生草本。高40～90cm，茎直立、粗壮，节部膨大，具红褐色斑点，有分枝。叶互生，披针形或宽披针形，大小变化很大，先端渐尖或锐尖，基部楔形，全缘，上面绿色，常有黑褐色新月形斑点，下面沿主脉及叶缘有伏生的粗硬毛；托叶鞘筒状，膜质，淡褐色。花序为数个花穗构成的圆锥花序；苞片膜质；花被粉红色或白色，4深裂；雄蕊6；花柱2裂。瘦果卵形，扁平，两面微凹，黑褐色。

◆ **地理分布**：中国南北各地；国外欧亚大陆温带地区均有。

◆ **生态学特性**：温带地区一般4月中旬出苗，6—8月开花，9月结实，以后逐渐枯死。亚热带地区一般3月中旬陆续出苗。凡是晚春和夏季出苗的植株，至11月中旬，甚至下旬仍在开花、结实，严霜后枯死，生育期约180d，种子繁殖。

无性繁殖能力较强，在生长旺季，合理刈割可促使其发芽、分枝，每年刈割2～3次。分布广，适应性强，生态幅很宽。喜生于土壤湿润的耕地、田边、路旁、田埂和居民点附近的闲荒地，水生时生长在池塘、沟渠、溪流及河湖近岸的浅水中。对土壤要求不严格，从沙土到黏性土均能生长。土壤pH值5～8.5均能生长良好。

◆ **饲用价值**：粗蛋白质、粗脂肪、无氮浸出物的含量较高，是一种优良的碳氮型牧草。开花前茎叶柔嫩多汁，嫩草切碎喂猪，猪喜食且易抓膘，是良好的猪饲料；牛、羊也采食，属中等饲草。种子富含淀粉，是很好的精饲料，各种畜禽均喜食。结实后茎生叶老化并大量干枯，饲用价值明显下降。植株高大，分枝多，产草量高。也可晒制青干草，制作草粉等。

◆ **药用价值**：性辛、苦，凉，归脾、大肠经。清热解毒，利湿止痒。用于泄泻，痢疾，湿疹，瘰疬。

红蓼

拉丁学名：*Persicaria orientalis* (L.) Spach
英文名：Prince's Feather, Princes Plume Ladysthumb

◆ **别名**：东方蓼、荭草、狗尾巴蓼。

◆ **形态特征**：一年生大型草本。高1～3m，茎直立，粗壮，中空，分枝，密被粗长毛；叶具长柄，叶片卵形或宽卵形；茎下部的叶较大，上部叶渐狭呈卵状披针形；托叶鞘杯状或筒状，被长毛，顶端绿色呈叶状，或为干膜质状裂片，具缘毛。花序顶生或腋生，圆柱形，下垂，常由数个排列成圆锥状；小坚果近圆形，扁平，两面中央略凹，先端具短尖头，直径3mm，黑色，有光泽，包于花被内。

◆ **地理分布**：中国各地均有分布，多为栽培；国外朝鲜、日本、菲律宾、印度、俄罗斯也有。

◆ **生态学特性**：种子繁殖能力极强，茎多分枝，在水肥充足的开阔地上能长成枝繁叶茂的高大株丛。喜湿性强，适生在潮湿多肥的中性或微碱性土壤。在水分条件适宜的情况下，土壤pH值8.5时，也能生长。红蓼大都分布在世界温带地区，属长日照植物，喜光。抗逆性强。在北方地区，能长期忍受0℃以下的低温。中生植物，多见于田边、路旁、林缘和河岸低湿地。

◆ **饲用价值**：中等饲用植物。羊喜食，牛乐食。取幼嫩期猪最喜食，切碎可生湿喂，稍老后，割取嫩梢或全株切碎生湿喂或发酵喂。叶量大，产量高，可在开花前后大量收获，供青贮发酵用。全年可刈割1～2次。

◆ **药用价值**：性咸，微寒。归肝、胃经。散血消症，消积止痛。用于症瘕痞块，瘿瘤肿痛，食积不消，胃脘胀痛。

珠芽蓼

拉丁学名：*Bistorta vivipara* (L.) Gray
英文名：Viviparous Bistort, Serpentgrass

◆ **别名：**猴娃七、山高粱、蝎子七、剪刀七、染布子。

◆ **形态特征：**多年生草本植物。高10～40cm，须状茎肥厚，紫褐色。基直立或斜升，不分枝，细弱，无毛，通常3～4，簇生于根状茎上。基生叶有长柄；叶长圆形或披针形，长3～12cm，宽8～25mm，革质，先端锐尖，基部圆形或楔形，边缘微向下卷；茎生叶有短柄或近无柄，披针形较小；叶托鞘筒状，膜质。穗状花序顶生，圆柱形，长3～8cm，中下部生珠芽；花淡红色，花被5深裂。瘦果卵形，有3棱，深褐色，有光泽。

◆ **地理分布：**中国吉林、内蒙古、新疆、陕西、甘肃、青海、四川和西藏等地；国外朝鲜、日本、蒙古国、印度、俄罗斯和北美洲均有。

◆ **生态学特性：**中生高山草甸植物，耐寒性强，有时可下降到海拔较低的河谷草甸与山地林缘草甸。

具肥厚块状根茎，贮藏大量营养物质，能经受霜雪的多次袭击，仍保持生机。生长季节对温度较为敏感，在阳光充足的山地阳坡、低洼向阳沟谷、海拔较低的地区，生长旺盛。对水分和土壤条件要求较严格，不耐干旱，适生于潮湿、土层深厚且富含有机质的高山、亚高山草甸土。

一般6月开花，7—8月结实，9月初枯黄进入冬眠。

◆ **饲用价值：**茎叶青鲜时绵羊、山羊乐食，马、牛可食，骆驼不食。草质柔软，营养较好，特别是果实成熟后富含蛋白质，是家畜催肥抓膘的良质饲料。

◆ **药用价值：**性苦、涩，凉。归心、大肠经。清热解毒，散瘀止血、止痛生肌，止泻痢。用于咽喉肿痛，痢疾，泄泻，便血，崩漏，跌打损伤，痈疖肿毒。

沙拐枣

拉丁学名：*Calligonum mongolicum* Turcz.
英文名：Mongolian Calligonum

◆ **别名**：蒙古沙拐枣。

◆ **形态特征**：灌木。植株高 0.25～1.5m，老枝灰白色，开展。叶条形，长 2～5mm。花淡红色，通常 2～3 朵簇生于叶腋；花梗下部具关节；花被片卵形或近圆形；雄蕊 12～16；子房椭圆形，有纵列鸡冠状突起。小坚果椭圆形，不扭转或稍扭转，顶端锐尖，基部狭窄，连刺毛，直径 8～10mm，长 10～12mm；肋状突起明显或不明显，每一肋状突起有 3 行刺毛，有时有 1 行不完整；刺毛叉状分枝 2～3 次，基部不明显加粗，细脆，易折断。

◆ **地理分布**：中国内蒙古中西部、甘肃和新疆等地分布；国外蒙古国也有。

◆ **生态学特性**：多生于流动沙丘、半流动沙丘或石质地，在沙砾质戈壁、干河床和山前沙砾质洪积物坡地上也能生长。具有抗风蚀、耐沙埋、抗干旱、耐瘠薄等特点，枝条茂密，萌蘖能力强，根系发达，能适应条件极端严酷的干旱荒漠区，是荒漠区典型的沙生植物。

◆ **饲用价值**：适口性中等，夏秋季骆驼喜食枝叶，冬春采食较差。绵羊、山羊夏秋季喜采食嫩枝及果实，冬春季不食。马与牛不食。

◆ **药用价值**：味苦、涩，微温。归膀胱、肺经。分利湿浊，滋润皮肤。用于小便浑浊，皮肤皲裂。

菊 科

- 薯
- 牛蒡
- 冷蒿
- 黑沙蒿
- 猪毛蒿
- 紫菀
- 丝毛飞廉
- 刺儿菜
- 莲座蓟

- 砂蓝刺头
- 蓝刺头
- 蓼子朴
- 中华山苦荬
- 尖裂假还阳参
- 火绒草
- 火媒草
- 拐轴鸦葱
- 华北鸦葱

- 桃叶鸦葱
- 额河千里光
- 长裂苦苣菜
- 苦苣菜
- 蒲公英
- 碱苣
- 艾
- 茵陈蒿
- 婆婆针

蓍

拉丁学名：*Achillea millefolium* L.
英文名：Commom Yerrow

◆ **别名**：穿龙草、蜈蚣草、锯锯草、欧蓍、千叶蓍、锯草。

◆ **形态特征**：多年生草本。具细的匍匐根茎，茎直立，高40～100cm，有细条纹，通常被白色长柔毛，上部分枝或不分枝，中部以上叶腋常有缩短的不育枝。叶无柄，披针形、矩圆状披针形或近条形，长5～7cm，宽1～1.5cm，2～3回羽状全裂，叶轴宽1.5～2mm，1回裂片多数，间隔1.5～7mm，有时基部裂片间的上部有1中间齿，末回裂片披针形至条形，长0.5～1.5mm，宽0.3～0.5mm，顶端具软骨质短尖，上面密生凹入的腺体，多少被毛，下面被较密贴伏的长柔毛。下部叶和营养枝的叶长10～20cm，宽1～2.5cm。头状花序多数，密集成直径2～6cm的复伞房状；总苞矩圆形或近卵形，长约4mm，宽约3mm，疏生柔毛；总苞片3层，覆瓦状排列，椭圆形至矩圆形，长1.5～3mm，宽1～1.3mm，背中间绿色，中脉凸起，边缘膜质，棕色或淡黄色；托片矩圆状椭圆形，膜质，背面散生黄色闪亮的腺点，上部被短柔毛。边花5朵；舌片近圆形，白色、粉红色或淡紫红色，长1.5～3mm，宽2～2.5mm，顶端2～3齿；盘花两性，管状，黄色，长2.2～3mm，5齿裂，外面具腺点。瘦果矩圆形，长约2mm，淡绿色，有狭窄淡白色边肋，无冠状冠毛。花果期7—9月。

◆ **地理分布**：我国各地庭园常有栽培，新疆、内蒙古及东北少见野生。广泛分布在欧洲、非洲北部、伊朗和蒙古国。

◆ **生态学特性**：常生长在林缘、路旁、屋边及山坡向阳处。喜阳光充足的环境，也耐半阴，耐寒性强，因其具有适应性强、花色优雅、花姿美丽、耐寒，喜温暖、湿润、阳光充足及半阴处皆可正常生长。

◆ **饲用价值**：中等饲用植物。嫩茎叶及花为各种家畜所乐食。据新疆农业大学分析，在开花期其粗蛋白质含量占干物质的9.60%、粗脂肪2.19%、粗纤维33.05%、无氮浸出物40.36%；粗灰分5.85%、钙0.57%、磷0.26%。

◆ **药用价值**：叶、花含芳香油，全草又可入药，有发汗、驱风之效。

牛蒡

拉丁学名：*Arctium lappa* L.
英文名：Great Burdock

◆ **别名**：大力子、恶实、万把钩。

◆ **形态特征**：二年生草本。肉质根长达15cm，茎直立，粗壮，高1～2m，具纵条纹，带紫色，有乳突状短毛，上部多分枝。基生叶丛生；茎生叶互生，宽卵形或浅心形，长40～50cm，宽30～40cm，先端圆钝，基部心形，全

缘、浅波状或有齿尖，上面绿色，下面密被灰白色茸毛，有柄；上部叶渐变小。头状花序多数或少数排成伞房状；总苞卵球形，总苞片顶端呈钩刺状；管状花红紫色。瘦果，椭圆形或倒长卵形，浅褐色；冠毛短，刚毛状。

◆ **地理分布**：在中国各地广泛分布，也有栽培；欧洲、亚洲各国也有。

◆ **生态学特性**：牛蒡是广布种。从寒温带到亚热带的气候均能很好地适应，在各类土壤上均能生长，最适宜的土壤pH值6.5～8.5。实生苗当年生长较缓慢。主要是加快肉质直根的生长，并形成大型的基生叶丛。翌年3—4月返青并抽茎，5—6月分枝，7—8月孕蕾并开花，8—10月果实逐渐成熟，老株枯死。

◆ **饲用价值**：中等饲用植物。开花前家畜一般不采食；幼苗期，嫩枝叶是猪的好饲料，家兔也喜食；籽实含有大量的蛋白质和油脂，是很好的精饲料，各种畜禽均喜食；其肉质根富含碳水化合物和蛋白质，经蒸煮加工，猪喜食。鲜叶中含丰富的粗蛋白质、粗脂肪和粗灰分含量也较高，粗纤维很少，其干茎叶成分略逊于鲜叶。籽实中含有15%～20%的粗脂肪和25%的粗蛋白质；整株中还含有0.03%的挥发油，也含有一些牛蒡苷。如能设法清除其异味，必将大大提高饲用价值。

◆ **药用价值**：牛蒡的根、茎、种子均可入药。

性辛、苦，寒，入肺、胃经。为疏散肺经风热引起的咽喉肿痛的主药，也能解毒消肿，透疹外达。

冷蒿

拉丁学名：*Artemisia frigida* Willd.
英文名：Fringed sagebrush

◆ **别名**：小白蒿、串地蒿、兔毛蒿、刚蒿、寒地蒿。

◆ **形态特征**：小半灌木。多年生轴根。茎丛生，高40～70cm，全体被绢毛，呈灰白色。茎下部叶与营养枝叶长圆形，2～3回羽状全裂，小裂片条状披针形；中部叶长圆形或倒卵状长圆形，1～2回羽状全裂；上部叶与苞叶羽状全裂或3～5裂。头状花序半球形，直径2～3mm，多数在茎上排列成狭长的总状花序或复总状花序。总苞片3～4层，花序托有毛；边花雌性管状，两性花管状，瘦果长圆形，长约1mm。

◆ **地理分布**：中国东北、华北、西北等地；国外蒙古国、土耳其、伊朗、俄罗斯和美洲也有。

◆ **生态学特性**：春季返青早，生长快。在内蒙古，3月中旬至4月开始生长，8月中旬开花，9月初结实，10月初成熟。

耐干旱和严寒，适生于>10℃的积温2 000～3 000℃、年降水量150～400mm的气候条件范围内。在高平原、山地、丘陵、沙地或撂荒地的沙砾土上均能繁盛地发育生长，但不能生于低湿的盐渍化生境。一般在干草原和山地草原常与多种禾本科植物，如针茅、赖草、隐子草等组成群落，并在群落中占优势地位。

根系发达，在草场正常利用的条件下，主根可伸入100cm的土层中，侧根和不定根多，大量集中在30cm以内的土层中。根系入土深度超过株高的4～5倍，根幅大于冠幅2～3倍。利用过度，生境干旱程度加剧，植物地下部分则大于植株高度的10～20倍，主根作用减弱，不定根大量出现，甚至发展到以不定根代替主根的作用。另一特点是，枝条在适宜条件下能长不定根，当枝条长出不定根，植株受践踏后，枝条脱离母株，亦能发育成新个体。在内蒙古高原上，它可向着由风力而形成的薄层沙地延伸。

◆ **饲用价值**：草原和荒漠草原地带放牧场上优良的饲草。牧民对其评价极高，被认为是抓膘、保膘与催乳的植物之一，生长冷蒿之多少成为选择草场的条件之一。羊、马四季均喜食，而极喜食其营养枝及生殖枝。秋季可食率达

80% 以上，采食后尚有驱虫之效。产羔母羊采食后，下奶快而多，羔羊健壮。牛亦喜食，牧民认为，牛食后上膘快。夏季适口性降低至中等，家畜主要采食生殖枝。冷蒿对冬季家畜尤其产羔母畜的放牧具有很大价值，在霜冻之后或冬季内，营养枝尚保存良好，柔软而多汁，保持其原有色泽，因此家畜，特别是绵羊、马极喜采食。骆驼终年喜食。干草也为家畜所喜食。

冷蒿早春萌发早，其地上部分全部可食，但此时生长缓、植株小，因而家畜采食不多；5—6 月枝叶逐渐长大而繁盛，家畜喜食；7 月具有花序的枝条迅速生长并部分开花，具有较浓的气味，因而可食性又下降，家畜仅采食其铺地上的茎叶以及具有花序的枝条上部；9 月以后结实，浓味减少，家畜又喜食。

◆ **药用价值**：全草入药，有止痛、消炎、镇咳作用。

黑沙蒿

拉丁学名：*Artemisia ordosica* Krasch.
英文名：Ordos Wormwood

◆ **别名**：油蒿、沙蒿。

◆ **形态特征**：半灌木。茎高 50～100cm，主茎不明显，多分枝，老枝外皮暗灰色或暗灰褐色，当年生枝条褐色至黑紫色，其纵条棱。叶稍肉质，1～2回羽状全裂，裂片丝状条形，长 1～3cm，宽 0.3～1mm；茎上部叶较短小，3～5 全裂或不裂，黄绿色。头状花序卵形，直径 1.5～2.5mm，通常直立，具短梗及丝状条形苞叶，多数在枝端排列成开展的圆锥花序，总苞片 3～4 层，宽卵形，边缘膜质；边花雌性，能育；中央两性不育，花冠管状。瘦果小，长卵形或长椭圆形。

◆ **地理分布**：中国北方沙区分布甚广，自 E112° 以西，从干草原、荒漠草原至草原化荒漠，3 个自然亚地带的沙区均有成片分布。产于内蒙古、河北、陕西（榆林地区）、山西（西部）、宁夏、甘肃（河西地区）等地；国外蒙古国也有。

◆ **生态学特性**：在内蒙古鄂尔多斯原和阿拉善地区，3 月上中旬开始萌芽，逐渐生出叶片，叶密生茸毛，入夏后毛落，6 月形成新枝，当年生枝条长达 30～80cm，7—9 月为生长盛期，7 月中下旬形成头状花序，8 月开花，9 月结实，9 月下旬至翌年 1 月初果实逐渐成熟，成熟后果实不易脱落，便于采种，10 月下旬至 11 月初叶转枯黄、脱落。黑沙蒿枝条有营养枝和生殖枝两种。营养枝在初霜后逐渐形成冬眠芽，翌年继续生长；生殖枝仅在当年生长，越冬以后即行枯死。

具有广泛的生态可塑性，在干旱、半干旱沙质壤土上分布较广，生长在固定、半固定沙丘或覆沙梁地、砂砾地上。抗旱性强。具有一定的再生性，黑沙蒿枝条能生出大量的不定根，特别是幼龄植株，只要沙埋不超过顶芽，且能迅速生长不定根，维持正常生活。除饲用外，还可做优良的固沙植物。陕西榆林地区试种黑沙蒿后，风速和沙流量均大幅减低，细土粒增多，肥力提高。

◆ **饲用价值**：在季节性饲料平衡中有一定意义。是骆驼的主要饲草。由于它含有挥发性物质，气味浓并有苦味，适口性不佳，除骆驼外，其他家畜一般不食，但在饲草缺乏时，如早春，山羊、绵羊也采食。冬季适口性有所提高，骆驼和羊均喜食。据内蒙古伊克昭盟试验，秋季黑沙蒿的适口性仅次于冷蒿，而远胜于阿尔泰狗娃花、猪毛蒿糙隐子草、沙生针茅、猪毛菜等。由于枝叶保存得好，是家畜的主要饲草，马有时也采食。

黑沙蒿草场适宜放牧利用，刈割会抑制生殖枝形成，对提高适口性有一定的作用；也可与其他牧草混合或单独调制成青贮饲料，晒制干草或粉碎成粉。

在鄂尔多斯高原，产风干草 750kg/hm^2 以上，最高可达 1 500kg/hm^2，在西部荒漠地区，仅产 375kg/hm^2。

◆ **药用价值**：根可止血，茎叶和花蕾有清热、祛风湿、拔脓之功能，种子利尿。

猪毛蒿

拉丁学名：*Artemisia scoparia* Waldst. et Kit.
英文名：Virgate Wormwood

◆ **别名**：东北茵陈蒿、米蒿、黄蒿。

◆ **形态特征**：多年生或一至二年生草本。茎直立，高40～90cm，带紫褐色，有多数开展或斜升的分枝。基生叶近圆形，二至三回羽状全裂，花期凋萎；下部叶长圆形或椭圆形，二至三回羽全裂；中部叶长圆形或长卵形，一至二回羽状全裂，裂片丝状条形或毛发状，常密被柔毛；上部叶3～5裂或不裂。头状花序极多数，下垂，近球形，直径1～1.2mm，在茎及侧枝上排列成圆锥花序；总苞片3～4层，无毛；边花5～7朵，雌性，能育，盘花两性，4～10朵，不育。瘦果长圆形，长0.5～0.7mm。

◆ **地理分布**：遍及中国各地；国外蒙古国、日本、朝鲜、俄罗斯、伊朗、土耳其、阿富汗、巴基斯坦、印度北部、欧洲也有。

◆ **生态学特性**：通常在4月开始生长，8月开花，8月末至9月初结实，9月中旬成熟。短轴根植物。根系不甚发达，在沙地上主根有时深入40cm以下的土层中，而在石质丘陵坡地根深仅达20cm，侧根较发达。

温带旱生或中旱生，性耐干旱和寒冷。适生于丘陵坡地、河谷、河床固定沙丘、沙质草地、干山坡等沙质土壤，在轻度盐渍化的土壤上生长尚好。常是第一年在雨季由种子形成幼苗，然后越冬，翌年在水分条件适宜时开始迅速生长。在过度放牧地上能大量繁殖，多雨年份常可滋生繁茂，在草原上，有时掩盖常见的禾草背景而形成适于刈制干草的植丛。广泛分布在草原和荒漠地带，是夏雨型一年生层片的主要组成植物。在撂荒地上，猪毛蒿群落是植被恢复过程的第一阶段，生长茂密。

◆ **饲用价值**：中等或良等饲用植物。青鲜状态绵羊、山羊和骆驼稍食，干枯后乐食或喜食。马与牛采食较差，青鲜时稍采食，花期不食，干枯后又稍食。内蒙古阿拉善地区的牧民，常在多雨年份刈割贮备，作为冬春幼畜的补喂饲草。

◆ **药用价值**：幼苗可入药，有消炎利尿作用，能治黄疸性肝炎。

紫菀

拉丁学名：*Aster tataricus* L. f.
英文名：Tatarian Aster

◆ **别名**：青牛舌头花、青菀、山白菜、还魂草。

◆ **形态特征**：多年生草本。根状茎斜升，茎直立，高 40～50cm，粗壮，基部有纤维状枯叶残片且常有不定根，有棱及沟，被疏粗毛，有疏生的叶，基部叶在花期枯落，长圆状或椭圆状匙形，下半部渐狭成长柄。头状花序多数，径 2.5～4.5cm，在茎和枝端排列成复伞房状；花序梗长，有线形苞叶。总苞半球形，长 7～9mm，径 10～25mm；总苞片 3 层，线形或线状披针形，顶端尖或圆形，外层长 3～4mm，宽 1mm，全部或上部草质，被密短毛，内层长达 8mm，宽达 1.5mm，边缘宽膜质且带紫红色，有草质中脉。舌状花约 20 余个；管部长 3mm，舌片蓝紫色，长 15～17mm，宽 2.5～3.5mm，有 4 至多脉；管状花长 6～7mm 且稍有毛，裂片长 1.5mm；花柱附片披针形，长 0.5mm。瘦果倒卵状长圆形，紫褐色，长 2.5～3mm，两面各有 1 或少有 3 脉，上部被疏粗毛。冠毛污白色或带红色，长 6mm，有多数不等长的糙毛。花期 7—9 月，果期 8—10 月。

◆ **地理分布**：中国东北、华北、西北；国外朝鲜、日本、西伯利亚也有。

◆ **生态学特性**：生于海拔 400～2 000m 的低山阴坡湿地、山顶、草甸、山地疏林及灌丛中。耐涝、怕干旱，耐寒性较强。

◆ **饲用价值**：青鲜或干草家畜的适口性均不高，羊、骆驼乐食，牛稍食，马采食差。为低等饲用植物。

◆ **药用价值**：性苦、甘，温，入肺经。为温化寒痰，治久病痰涎壅肺而发生的咳喘之药，由于本品温而热，也可用于肺热咳喘。

丝毛飞廉

拉丁学名：*Carduus crispus* L.
英文名：Curly Bristlethistle

◆ **别名**：飞廉。

◆ **形态特征**：二年生或多
年生草本。高60～150cm，茎
直立，单生，具纵沟棱及纵向下
延的绿色翅，翅有齿刺，上部有
分枝。茎下部叶长椭圆形，长
5～20cm，羽状深裂，裂片边缘
具缺刻状牙齿，齿端及叶缘有不
等长的细刺，上面绿色，疏被长
节毛，下面灰绿色，被蛛丝状薄
绵毛；中部叶与上部叶较小，羽
状深裂。头状花序2～5个聚
生于枝端，总苞卵圆形，直径
1.5～2.5cm，总苞片多层。花全
部管状，紫红色。瘦果楔状椭圆
形，褐色；冠毛白色或灰白色。

◆ **地理分布**：广布于中国各
地；欧洲、北美洲及亚洲蒙古国、
朝鲜也有。

◆ **生态学特性**：中生植物。常生于阴湿、半阴湿地区的路旁、田边、沟
（滩）畔和林缘草地。据在宁夏南部六盘山地区观察，4月中旬返青，6月中下
旬现蕾，7月上中旬开花，下旬进入盛花期，8月下旬至9月上旬开始枯黄。

◆ **饲用价值**：低等饲用植物。幼苗期山羊、绵羊、牛、马、驴均乐食，现
蕾至开花期，牛、马、羊仅食其花序，种子成熟后，各类家畜均不食。

◆ **药用价值**：性苦，平。为祛风镇惊、散淤止血之药，并有清热利湿兼催
乳之功。

刺儿菜

拉丁学名：*Cirisium integrifolium* C. Wimm. et Grabowski
英文名：Common cephalanoplos

◆ **别名**：小蓟、大蓟、野红花。

◆ **形态特征**：多年生草本。高20～120cm，具根状茎。茎直立，有分枝或不分枝，具纵沟棱，有薄茸毛或无毛。基生叶和中部茎叶椭圆形或椭圆状披针形，长7～15cm，宽1.5～10cm，先端钝尖，基部楔形、全缘或具齿裂或羽状浅裂，齿尖具针刺，两面绿色，被薄茸毛；上部茎叶渐小。头状花序单生或多数在茎枝顶端排成伞房状。总苞约6层，顶端长尖，具针刺。管状花紫红色或白色。瘦果椭圆形、淡黄色，冠毛羽状。

◆ **地理分布**：中国除西藏、云南、广东、广西外，几乎遍及全国各地；国外俄罗斯、蒙古国、朝鲜、日本也有。

◆ **生态学特性**：中生植物。常见于山坡撂荒地、耕地、路边、河旁、村庄附近等处，为常见的杂草。3月底、4月初萌发，5—6月即可开花，7—8月种子逐渐成熟。

◆ **饲用价值**：中等饲用植物。幼嫩时猪、马、牛、羊、骡等乐食，主要采食其嫩枝和花序，调制干草或煮熟家畜均喜食。

利用期为5—7月。早期供放牧，或带根采回，去掉泥土、切碎，生喂猪或做青贮料，或开花前后的植株割取晒干、制粉，可供冬春喂猪。

◆ **药用价值**：性味甘苦，性凉。凉血止血，解毒，消痈肿。带花的全草或根均可止血、消炎、散痈肿。

主治吐血、衄血、崩漏、尿血、外伤出血及疮痈肿毒等症。

莲座蓟

拉丁学名：*Cirsium esculentum* (Sievers) C. A. Mey.
英文名：Rosette Thistle

◆ **别名**：食用蓟。

◆ **形态特征**：多年生草本。无茎，茎基粗厚，有不定根；头状花序，外围莲座状叶丛，莲座状叶丛的叶全形倒披针形、椭圆形或长椭圆形，长 6～21cm，宽 2.5～7cm，羽状半裂、深裂或几全裂，基部渐狭成有翼的叶柄长或短，柄翼边缘有针刺或 3～5 个针刺组合成束；侧裂片 4～7 对，中部侧裂片稍大，偏斜卵形、半椭圆形或半圆形，边缘有三角形刺齿及针刺，齿顶针刺较长，长达 1cm，边缘针刺较短，长 2～4mm，基部的侧裂片常针刺化。叶两面同绿色，两面或沿脉或仅沿中脉被多细胞长节毛。头状花序 5～12 个集生于茎基顶端的莲座状叶丛中。总苞钟状，直径 2.5～3cm。总苞片约 6 层，覆瓦状排列，向内层渐长，外层与中层长三角形至披针形，长 1～2cm，宽 2～4mm，顶端急尖，有长不足 0.5mm 的短尖头，内层及最内层线状披针形至线形，长 2.5～3cm，宽 2～3mm，顶端膜质渐尖。全部苞片无毛。小花紫色，花冠长 2.7cm，檐部长 1.2cm，5 浅裂不等，细管部长 1.5cm。瘦果淡黄色，楔状长椭圆形，压扁，长 5mm，宽 1.8mm，顶端斜截形。冠毛白色或污白色或稍带褐色或带黄色，多层，基部连合成环，整体脱落，冠毛刚毛长羽毛状，长 2.7cm，向顶端渐细。花果期 8—9 月。

◆ **地理分布**：中国东北、内蒙古及新疆等地；国外中亚、西伯利亚也有。

◆ **生态学特性**：中生植物。为典型的莲座形草甸杂草。生于海拔 500～3 200m 的河滩低湿地、山间谷地、灌丛间、山地草甸等处。

◆ **饲用价值**：低等饲用植物。夏季牛和羊采食其花。

◆ **药用价值**：性味甘，性凉。散瘀消肿，排脓脱毒，止血。

砂蓝刺头

拉丁学名：*Echinops gmelinii* Turcz.
英文名：Gmelin Globethistle

◆ **别名**：火绒草、刺头。

◆ **形态特征**：一年生草本。高20～50cm。茎直立，常单一，稀分枝，无毛或疏被腺毛。叶条形或条状披针形，长1～5cm，宽3～8mm，边缘有白色硬刺，两面绿色，被蛛丝状毛及腺点。复头状花序单生枝端，球形，直径约3cm，淡蓝色或白色。头状花序的总苞片分离，16～20片，外总苞片条状倒披针形；内总苞片长椭圆形，顶端芒刺裂。花蓝色或白色，裂片5。瘦果倒圆锥形，密被长毛，冠毛下部连合。

◆ **地理分布**：中国黑龙江、吉林、辽宁、内蒙古、河北、河南、山西、陕西、甘肃、青海、新疆等地；国外俄罗斯、蒙古国也有。

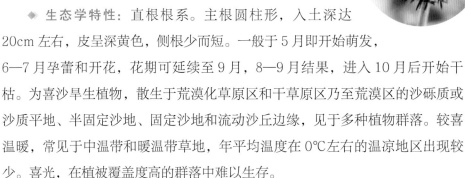

◆ **生态学特性**：直根根系。主根圆柱形，入土深达20cm左右，皮呈深黄色，侧根少而短。一般于5月即开始萌发，6—7月孕蕾和开花，花期可延续至9月，8—9月结果，进入10月后开始干枯。为喜沙旱生植物，散生于荒漠化草原区和干草原区乃至荒漠区的沙砾质或沙质平地、半固定沙地、固定沙地和流动沙丘边缘，见于多种植物群落。较喜温暖，常见于中温带和暖温带草地，年平均温度在0℃左右的温凉地区出现较少。喜光，在植被覆盖度高的群落中难以生存。

◆ **饲用价值**：中等饲用植物。青鲜时，花序、叶及嫩茎为骆驼、驴和马喜食，牛、羊采食其叶、花序和果实。干枯后适口性降低，为骆驼所乐食。花期蛋白质含量中等，到盛花期含量偏低，而纤维素和灰分含量均较高，胡萝卜素的含量也较高。

◆ **药用价值**：性味微苦，性寒。清热凉血，消炎利水。根可入药，有清热解毒、消痈肿、通乳等功效。

蓝刺头

拉丁学名：*Echinops sphaerocephalus* L.
英文名：Broadleaf Globethistle

◆ **别名**：鬼油麻、驴欺口。

◆ **形态特征**：多年生草本。高 50～150cm。茎直立，基部有残存的纤维状褐色叶柄，下部被疏毛或无毛，向上及接复头状花序下部灰白色，被稠密或密厚的蛛丝状绵毛，不分枝或基部有 1～2 个短的花序分枝。基生叶与下部茎叶椭圆形、长椭圆形或披针状椭圆形，通常有长叶柄，柄基扩大贴茎或半抱茎，二回羽状分裂，一回为深裂或几全裂，一回侧裂片 4～8 对，披针形、椭圆形、披针状椭圆形或宽卵形，中部侧裂片较大，向上向下渐小，二回为深裂或浅裂，二回裂片长椭圆形、斜三角形或披针形，顶端针刺状长渐尖，边缘少数三角形刺齿或通常无刺齿。中上部茎叶与基生叶及下部茎叶同形并近等样分裂。上部茎叶羽状半裂或浅裂，无柄，基部扩大抱茎。全部茎叶质地薄，纸质，两面异色，上面绿色，无毛或被稀疏蛛丝毛，下面灰白色，被密厚的蛛丝状绵毛。复头状花序单生茎顶或茎生 2～3 个复头状花序，直径 3～5.5cm。头状花序长1.9cm。基毛白色，不等长，扁毛状，长约 7mm，长为总苞长度的 2/5。总苞片 14～17 个，外层苞片稍长于基毛，线状倒披针形，上部菱形或椭圆形扩大，边缘有长缘毛，顶端短渐尖；中层倒披针形，长 1～1.3cm，自最宽处向上突然收窄成针刺状长渐尖，边缘有稀疏短缘毛；内层长椭圆形，长 1.5cm，上部边缘有短缘毛，顶端刺芒状渐尖。全部苞片外面无毛。小花蓝色，花冠裂片线形，花冠管上部有多数腺点。瘦果长 7mm，被稠密的顺向贴伏的淡黄色长直毛，不遮盖冠毛。冠毛量杯状，长 1.2mm，冠毛膜片线形，边缘糙毛状，中部以下结合。花果期 8—9 月。

◆ **地理分布**：中国东北、内蒙古、甘肃（东部）、宁夏、河北、山西及陕西等地。国外蒙古国、俄罗斯也有。

◆ **生态学特性**：生于山坡草地及山坡疏林下，海拔 120～2 200m。蓝刺头具有良好丛生性状，而且它的根具有很强的再生不定芽能力，几年以后就会呈现出一种丛植景观。

蓼子朴

拉丁学名：*Inula salsoloides* (Turcz.) Ostenf.
英文名：Salsola-like Inula

◆ **别名**：沙地旋覆花、黄喇嘛、秃女子草。

◆ **形态特征**：多年生草本。根状茎横走。茎平卧、斜升或直立，由基部向上多分枝。叶披针形或矩圆状条形，长3～7mm，宽1～2.5mm，先端钝，基部心形或有小耳，半抱茎，全缘，上面无毛，下面被短柔毛和腺点。头状花序直径1～1.5cm，单生于枝端；总苞倒卵形，总苞片4～5层，外层渐小，干膜

质，有缘毛；舌状花淡黄色，顶端具 3 齿；管状花长 6～8mm。瘦果披针形，具多数细沟，被腺和疏粗毛。

◈ **地理分布**：分布于中国北方海拔 500～2 000m 典型草原到荒漠草原带，也进入荒漠地带，在内蒙古、辽宁、河北、山西、陕西、宁夏、甘肃、青海和新疆等地均有分布；国外蒙古国和俄罗斯中亚地区也有。

◈ **生态学特性**：具有较强的繁殖力，横走的根状茎在沙土中蜿蜒，可以进行营养繁殖；瘦果多数，小具冠毛，随风飘荡，极易传播，遇条件适合，便可发芽，长成新的植株。主根及根颈部位主根均淡黄色，根颈粗 0.5cm，主根可深入沙层 100cm 左右，在 70cm 土层的主根粗 0.3cm。

蓼子朴为喜砂的旱生植物，最适生境为地下水位较高（0.5～4m）、轻度盐渍化的沙地和沙砾质地；也生长于较湿润的低矮沙丘、丘间低地、流动沙丘边缘、河滩沙地；在河流的沙壤质阶地土壤和条件适宜的路边沙地、沙砾质地均可能见到蓼子朴生长。

蓼子朴常作为伴生成分出现于沙生系列和盐生系列过渡的群落中，如由中亚狼尾草（*Pennisetum centrasiaticum*）和赖草（*Leymus secalinus*）构成的群落，由黑沙蒿、苦豆子和柽柳（*Tamarix chinensis*）构成的群落以及由黑沙蒿和小红柳（*Salix microstachya* var. *bordensis*）构成的群落等。在很少的情况下蓼子朴也可成为群落中的优势成分，例如在由北沙柳（*Salix psammophila*）构成的半固定沙地植被、由黑沙蒿和本种构成的以及由褐沙蒿（*Artemisia intramongolica*）构成的固定沙地植被。蓼子朴是一种较好的固沙植物。

◈ **饲用价值**：青鲜时骆驼喜食，干枯后适口性有所下降，骆驼乐食；冬春季节羊仅偶然采食。由于在草场上分布数量不多，在家畜的饲料平衡上不占重要地位。从化学成分看，蛋白质含量偏低，粗脂肪含量颇高，粗纤维含量中等，灰分也较高，其中钙较丰富、磷偏低。胡萝卜素含量 29.17mg/kg。综合评价，属于低等饲用植物。

◈ **药用价值**：花及开花前的全草均可药用，味辛性凉，有解热、利尿的功能，有的地区将它代替旋覆花入药。

中华山苦荬

拉丁学名：*Ixeris chinensis* (Thunb.) Nakai

英文名：Chinese Ixeris

◆ **别名**：苦菜、燕儿尾、中华小苦荬、山苦菜。

◆ **形态特征**：多年生草本。高10～30cm，全体无毛，有乳汁。茎少数或多数簇生，直立或斜升。基生叶莲座状，条状披针形、倒披针形或条形，先端尖或钝，基部渐狭成柄，全缘或疏具小牙齿，或呈不规则分裂，灰绿色；茎生叶1～3，与基生叶相似。头状花序多数，排列成稀疏的伞房状；总苞圆筒状，长7～9mm，宽2～3mm；外层总苞片小，6～8，内层的较长，7～8；全为舌状花，黄色、白色或变淡紫色。瘦果长椭圆形，稍扁，长4～6mm，红棕色，具10条等形的钝肋，冠毛白色。

◆ **地理分布**：中国北部、东部、南部及西南部等地；国外俄罗斯、朝鲜、日本也有。

◆ **生态学特性**：中旱生植物，适应性较强，广布于海拔500～4 000m的山坡草地乃至平原的路边、农田或荒地。耐旱也较耐寒，在海拔3 300～4 000m高寒的青藏高原亦可适应，黑龙江、吉林、辽宁和内蒙古等地返青较早，在晚秋霜冻后亦可短期存活。

以种子和根蘗进行繁殖，但以营养繁殖为主。在内蒙古地区一般4月上中旬返青，4—5月为营养期，5—6月为开花期，6—7月结实，其后为果后营养期，10月上旬枯黄。

◆ **饲用价值**：属中等牧草。茎叶柔嫩多汁，青鲜时绵羊、山羊喜食。据牧民反映，春季对小畜有抓膘作用。牛、马也少量采食，但干枯后不能利用，是猪、兔和家禽的良好饲料。营养价值较高，在花果期含有较高的粗蛋白质和较低量的粗纤维。在各种氨基酸的含量中，以赖氨酸、苏氨酸、缬氨酸的含量较高。

◆ **药用价值**：全草可药用，能清热解毒、凉血、活血排脓。主治阑尾炎、肠炎、痢疾、疮疖痈肿等症。

尖裂假还阳参

拉丁学名：*Crepidiastrum sonchifolium* (Maximowicz) Pak & Kawano 英文名：Sowthistle-leaf Ixeris

◆ **别名**：苦碟子、苦荬菜、满天星、抱茎苦荬菜。

◆ **形态特征**：多年生草本。高可达60cm。根垂直直伸，根状茎极短。茎单生，直立，茎枝无毛。基生叶莲座状，匙形、长倒披针形或长椭圆形，边缘有锯齿，侧裂片，半椭圆形、三角形或线形；全部叶片两面无毛。头状花序多数或少数，在茎枝顶端排成伞房花序或伞房圆锥花序，含舌状小花。总苞圆柱形，苞片外层及最外层短，卵形或长卵形，舌状小花黄色。瘦果黑色，纺锤形，喙细丝状，冠毛白色，微糙毛状，3—5月开花结果。

◆ **地理分布**：中国东北、华北、华东、华南等地；国外朝鲜、日本也有。

◆ **生态学特性**：中生性阔

叶杂类草。果期4—7月。分布较广，生长在山坡地、平原、河边及疏林下，常见于荒野、路边和田边地埂。

◆ **饲用价值**：嫩茎叶可作为鸡、鸭、鹅的青饲料；青草猪、牛、羊都喜食。

◆ **药用价值**：性苦，辛，平。为清热解毒、消肿止痛之药，又能凉血、排脓。据记载，全草入药，有清热、解毒、消肿的功效。

火绒草

拉丁学名：*Leontopodium leontopodioides* (Willd.) Beauv.
英文名：Common Edelweiss

◆ **别名**：大头毛香、火绒蒿、白花蒿。

◆ **形态特征**：多年生草本植物。地下茎粗壮，为短叶鞘包裹，有多数簇生的花茎和与花茎同形的根出条，无莲座状叶丛。茎直立，高5～45cm，被长柔毛或绢状毛。叶直立，条形或条状披针形，无鞘，无柄，两面被白色密绵毛。苞叶少数，矩圆形或条形，两面被白色或灰白色厚茸毛，多少开展成苞叶群或不排列成苞叶群。头状花序大，3～7个密集，或有总花梗而排列成伞房状；总苞半球形，被白色绵毛；冠毛基部稍黄。瘦果有乳头状突起或密粗毛。花期7—10月，果期7—10月。

◆ **地理分布**：广泛分布于新疆东部、青海东部和北部、甘肃、陕西北部、山西、内蒙古南部和北部、河北、辽宁、吉林、黑龙江以及山东半岛。原产欧洲和南美洲的高海拔地区，国外蒙古国、朝鲜、日本、俄罗斯也有。

◆ **生态学特性**：喜阳，耐寒，耐旱，耐瘠薄，稍耐湿，耐践踏。常生长于海拔100～3 200m的干旱草原、黄土坡地、石砾地、山区草地，稀生于湿润地带。

◆ **饲用价值**：青鲜时各类家畜均采食，秋后适口性有所提高。低等饲用植物。

◆ **药用价值**：地上部分入药，能清热凉血、利尿，主治流行性感冒，急性、慢性肾炎，尿道炎，尿路感染。全草药用，对治疗蛋白尿及血尿有效。

火媒草

拉丁学名：*Olgaea leucophylla* (Turcz.) lljin
英文名：Whiteleaf Olgaea

◆ **别名**：白山蓟、白背、鳍蓟。

◆ **形态特征**：多年生草本。高 30～70cm，茎直立，粗壮，密被灰白色蛛丝状茸毛；不分枝或上部少分枝。叶长椭圆形或椭圆状披针形，长 5～25cm，宽 3～4cm，先端具长针刺，基部沿茎下延成翅，边缘具不规则的疏齿或为羽状浅裂，裂片、齿端及叶缘均具不等长的针刺，两面几乎同灰白色，被蛛丝状茸毛。头状花序，直径 3～5cm，单生枝端或有时在枝端具侧生的较小头状花序 1～2 枚；总苞钟状，总苞片多层，先端具长刺尖；管状花粉红色，檐部 5 裂。瘦果矩圆形，苍白色，具隆起纵纹和褐斑；冠毛密生，黄褐色，刺毛状，不等长。

◆ **地理分布**：中国东北、内蒙古、河北、山西、陕西、甘肃、宁夏等地。

◆ **生态学特性**：轴根型植物。主根粗壮，侧根量少，一级侧根多数，细弱。一般于 4 月下旬至 5 月上旬萌发，6 月下旬若水分条件正常则进入开花期，花期较长，可延至 8 月上中旬，至 9 月中下旬进入结果期，具有较长冠毛的果实陆续脱离植株，随风飘散。

旱生，喜沙，散生于干草原、荒漠草原带，也进入草原化荒漠地带，习生于固定、半固定沙地，也见于砾石质坡地、覆沙草地，为沙地植物群落常见的伴生成分。生长地土壤为沙质、沙壤质的栗钙土、棕钙土、灰钙土、淡灰钙土、灰棕荒漠土。

◆ **饲用价值**：幼嫩时绵羊、山羊采食，秋季与冬季骆驼、牛乐食其花序。因植株粗硬，茎叶叶缘具长刺，饲用价值较低，为低等饲用植物。

◆ **药用价值**：根及地上部分入药，味苦，性凉。归心、肝、肾经。清热解毒，消痰散结，凉血止血。用于疮痈肿毒，瘰疬，咳血，衄血，吐血，便血，崩漏。

拐轴鸦葱

拉丁学名：*Lipschitzia divaricata* (Turcz.) Zaika, Sukhor. & N. Kilian
英文名：Divaricate Serpentroot

◆ **别名**：叉枝鸦葱、苦葵鸦葱、女苦奶。

◆ **形态特征**：多年生草本。高 15～30cm，灰绿色，有白粉。根颈无纤维状叶鞘残留，自根颈发出多数茎，呈半球形或球形株丛。茎自下部起合轴式分枝，分枝细。叶窄条形或条形，长 1～9cm，宽 0.5～3mm，先端长渐尖，常卷曲成钩状。头状花序单生于枝端，总苞圆柱状，长 1.5～2cm，小花舌状，黄色或稍带淡紫色。瘦果圆柱状，长 6～10mm，淡黄色；冠毛污黄色。在内蒙古 6—7 月开花，8—9 月结果。

◆ **地理分布**：中国内蒙古、河北、山西、陕西、甘肃等地；国外蒙古国也有。

◆ **生态学特性**：直生根系，一般主根强壮，近垂直于地面向土壤深处分布，长达 1m，超过地上高度数倍，分枝极少。在荒漠草原地带土质较坚硬的覆沙淡棕钙土上还可见到根蘖型的根系，由地下水平根上生长出稍粗的枝条和较纤细的侧根。旱生植物。喜沙质土及沙砾质基质。生长于干燥的沙质坡地、沙丘间低地、干河床边缘和浅洼地的沙壤土，为荒漠草原植被的常见伴生种。在群落中的多度很低，分盖度不超过 1%，但恒有度较高，常与冷蒿、沙生针茅、无芒隐子草、短花针茅、阿尔泰狗哇花、兔唇花、戈壁天门冬、碱韭等混生。

◆ **饲用价值**：中等饲用植物。青鲜时羊、骆驼乐食，马、牛少量采食，干枯后适口性稍有降低，冬季植株保留较好。蛋白质含量较为丰富，粗纤维含量偏低，无氮浸出物含量较高，品质较好。

◆ **药用价值**：全草入药，清热解毒，主治疔毒恶疮。

华北鸦葱

拉丁学名：*Scorzohera albicaulis* Bunge

◆ **别名**：笔管草、见肿消、倒扎草、白茎鸦葱。

◆ **形态特征**：多年生草本。高达 120cm。根圆柱状或倒圆锥状，直径达 1.8cm。茎单生或少数茎成簇生，上部伞房状或聚伞花序状分枝，全部茎枝被白色茸毛，但在花序脱毛，茎基被棕色的残鞘。基生叶与茎生叶线形、宽线形或线状长椭圆形，宽 0.3～2cm，边缘全缘，极少有浅波状微齿，两面光滑无毛，3～5 出脉，两面明显，基生叶基部鞘状扩大，抱茎。头状花序在茎枝顶端排成伞房花序，花序分枝长或排成聚伞花序而花序分枝短或长短不一。总苞圆柱状，花期直径 1cm，果期直径增大；总苞片约 5 层，外层三角状卵形或卵状披针形，长 5～8mm，宽约 4mm，中内层椭圆状披针形、长椭圆形至宽线形。全部总苞片被薄柔毛，但果期稀毛或无毛，顶端急尖或钝。舌状小花黄色。瘦果圆柱状，长 2.1cm，有多数高起的纵肋，无毛，无脊瘤，向顶端渐细成喙状。冠毛污黄色，其中 3～5 根超长，超长冠毛长达 2.4cm，非超长冠毛刚毛长达 1.8cm，全部冠毛大部羽毛状，羽枝蛛丝毛状，上部为细锯齿状，基部连合成环，整体脱落。花果期 5—9 月。

◆ **地理分布**：中国东北、内蒙古、河北、山西、陕西、山东、江苏、安徽、浙江、河南、湖北、贵州等地；国外俄罗斯西伯利亚、远东地区及朝鲜也有。

◆ **生态学特性**：生长于海拔 250～2 500m 的山谷或山坡杂木林下、林缘灌丛中，或生荒地、火烧迹地，或田间。

◆ **饲用价值**：良等饲用植物。牛、羊、猪、兔喜食。

◆ **药用价值**：治五痨七伤、可敷治疗疮及妇女乳房肿胀（《南京民间药草》）。清热解毒。治疗毒恶疮，近代有试用于治疗胃癌、甲状腺癌（《内蒙古中草药》），消肿散结（《沙漠地区药用植物》）。

桃叶鸦葱

拉丁学名：*Scorzonera sinensis* (Lipsch. & Krasch.) Nakai
英文名：Chinese Serpentroot

◈ **别名**：老虎嘴、皱叶鸦葱。

◈ **形态特征**：多年生草本植物。高 5～53cm。根垂直直伸，粗壮，褐色或黑褐色，通常不分枝，极少分枝。茎直立，簇生或单生，不分枝，光滑无毛；茎基被稠密的纤维状鞘状残留物。基生叶宽卵形、宽披针形或线形，有叶柄，顶端急尖、渐尖或钝，向基部渐狭成长或短柄，柄基鞘状扩大，两面光滑无毛，离基 3～5 出脉，侧脉纤细，边缘皱波状；茎生叶少数，鳞片状，披针形或钻状披针形，基部心形，半抱茎或贴

茎。头状花序单生茎顶。总苞圆柱状，直径约 1.5cm。总苞片约 5 层，外层三角形或偏斜三角形，中层长披针形，内层长椭圆状披针形，全部总苞片外面光滑无毛，顶端钝或急尖。舌状小花黄色。瘦果圆柱状，有多数高起纵肋，肉红色，无毛，无脊瘤。冠毛污黄色，羽毛状，上端为细锯齿状；冠毛与瘦果连接处有蛛丝状毛环。花果期 4—9 月。

◈ **地理分布**：中国北京、辽宁、内蒙古、河北、山西、陕西、宁夏、甘肃、山东、江苏、安徽、河南等地。

◈ **生态学特性**：生于山坡、丘陵地、沙丘、荒地或灌木林下，海拔 280～2 500m。花期极早，抗旱能力强，适应性强，喜温和湿润环境。根茎种植后，日平均气温 6℃时即可出芽。生长的适宜温度为 20～30℃；当气温降至 0℃以下时，地上部分萎缩干枯，生长停滞。对土壤要求不严，黏土、壤土、沙土均可生长，荒山、坡地、贫瘠地也可种植，适宜土壤 pH 值为 6.5～7.5。

◈ **饲用价值**：良等饲用植物。羊喜食，牛乐食。

◈ **药用价值**：性辛，凉，入肺、肝二经。清热解毒、解毒疗疮。用于外感风热、疗毒恶疮、乳痈。

额河千里光

拉丁学名：***Jacobaea argunensis*** (Turczaninow) B. Nordenstam
英文名：Argun Groundsel

◆ **别名**：羽叶千里光、大蓬蒿、土三七。

◆ **形态特征**：多年生根状茎草本植物。根状茎斜升，直径7mm，具多数纤维状根。茎单生，直立，30～80cm，被蛛丝状柔毛，上部有花序枝。基生叶和下部茎叶在花期枯萎，通常凋落；中部茎叶较密集，无柄，全形卵状长圆形至长圆形，羽状全裂至羽状深裂，顶生裂片小而不明显，侧裂片约6对，狭披针形或线形，长1～2.5cm，宽0.1～0.5cm，钝至尖，边缘具1～2齿，狭细裂或全缘，稍斜升，纸质，上面无毛，背面被疏蛛丝毛，基部具狭耳或撕裂状耳；上部叶渐小，顶端较尖，羽状分裂。头状花序有舌状花，多数，排列成顶生复伞房花序；花序梗细，长1～2.5cm，有疏至密蛛丝状毛，有苞片和数个线状钻形小苞片；总苞近钟状，具外层苞片，苞片约10，线形，长3～5mm，总苞片约13，长圆状披针形，宽1～1.5mm，尖，上端具短髯毛，草质，边缘宽干膜质，绿色或紫色，背面被疏蛛丝毛。舌状花10～13，管部长4mm；舌片黄色，长圆状线形，顶端钝，有3细齿，具4脉；管状花多数；花冠黄色，长6mm，管部长2～2.5mm，檐部漏斗状；裂片卵状长圆形。花药线形，基部有明显稍尖的耳，附片卵状披针形；花药气颈部较粗，向基部膨大。花柱分枝长0.7mm，顶端截形，有乳头状毛。瘦果圆柱形，无毛；冠毛淡白色。花期8—10月。

◆ **地理分布**：中国东北、内蒙古、河北、山西、陕西、湖北、甘肃、四川、青海等地；国外朝鲜、蒙古国、俄罗斯也有。

◆ **生态学特性**：适生于海拔500～3 300m的山地草甸、林缘及灌丛中。

◆ **饲用价值**：低等饲用植物。春季幼嫩时羊、牛采食，夏秋植株老化，家畜不食。猪、兔喜食。

◆ **药用价值**：性味微苦，性寒。清热解毒，去腐生肌，清肝明目。

长裂苦苣菜

拉丁学名：*Sonchus brachyotus* DC

◈ **别名**：苦菜、取麻菜、甜苣。

◈ **形态特征**：一年生草本。高50～100cm，全株有白色乳汁。茎直立，具纵条纹，无毛。基生叶与茎下部叶卵形、长椭圆形或倒披针形，长6～19cm，宽1.5～10cm，羽状深裂，半裂或浅裂；中上部叶与基生叶同形并等样分裂。头状花序在茎顶排列成伞房状；总苞钟状，总苞片4～5层；舌状花鲜黄色，两性，结实。瘦果长椭圆形，压扁，肋间有横皱纹，冠毛毛状，白色。

◈ **地理分布**：中国东北、华北等地；国外蒙古国、俄罗斯、日本也有。

◈ **生态学特性**：中生植物。抗逆性较强，为农田杂草，大量生于耕地、田边、路旁、沟边及荒地。5月出苗，7—9月开花，8—10月结果。

◈ **饲用价值**：为北方各地常见的饲用植物。适口性好，根和茎、叶各种家畜都喜食，尤适宜做猪、禽饲料。开花期的茎叶质地细嫩，各种家畜也甚喜食。据分析，粗蛋白质含量中等，用以喂猪可节省精饲料。采集期5—9月，割取全株，切碎生喂，也可整株喂饲。也是秋季蜜源植物，幼嫩时是很好的野菜供食用。

◈ **药用价值**：清热解毒、凉血利湿、消肿排脓、祛瘀止痛、补虚止咳的功效。对预防和治疗贫血病、维持人体正常生理活动，促进生长发育和消暑保健有较好的作用。

苦苣菜

拉丁学名：*Sonchus oleraceus* L.
英文名：Common Sowthistle

◆ **别名**：苦菜、滇苦菜、田苦荬菜、尖叶苦菜。

◆ **形态特征**：一年生或二年生草本。高 50～100cm，全草有白色乳汁。茎直立，单一或上部有分枝，中空，无毛或中上部有稀疏腺毛。叶片柔软，无毛，椭圆状披针形，长 15～20cm，宽 3～8cm，羽状深裂或大头羽状深裂，顶裂片大，或与侧裂片等大，边缘有不整齐的短刺状尖齿，下部的叶柄有翅，柄基扩大抱茎，中上部叶无柄，基部宽大呈戟状耳形。头状花序在茎端排列成伞房状；总苞钟形，长 1.2～1.5cm；总苞片 3～4 层，外层的卵状披针形，内层的披针形，舌状花黄色。瘦果，长椭圆状倒卵形，长 2.5～3mm，压扁，红褐色或黑色，每面有 3 条纵肋，肋间有细横纹，冠毛白色，长 6～7mm。

◆ **地理分布**：原产欧洲，目前世界各国均有。在中国除气象和土壤条件极端严酷的高寒草原、草甸、荒漠戈壁和盐漠等地区外几乎遍布各地。

◆ **生态学特性**：生态幅宽，喜生于耕地、田边、路旁、堆肥场、居民点周围的隙地、果园、疏林下及各种弃耕地或摆荒地上。常成片生长，形成单优种小群聚。喜水、暗肥、不耐干旱。土壤 pH 值 4.5～8.9。耐寒性较强。气温达 5℃时能缓慢生长，−10℃的短期低温苗株仍能保持青绿；在安徽省，冬季仍能生长，甚至可以开花结实。埋于土壤中的种子，一般 3—4 月出苗，6—7 月开花，7—8 月成熟，生育期 120d。安徽省合肥地区，越冬的绿色叶丛一般于 2 月底返青，3 月中旬以后抽茎，4 月中旬以后孕蕾，5 月上旬开花，5 月上旬至 6 月上旬结实并成熟，生育期为 104d，生长期可达 8—10 个月。

种子繁殖。种子产量高，每个头状花序可产 30 粒种子，每株可产种子 300～1 200 粒。种子发芽率达 95%，即或未完全成熟的种子也具有发芽力。种子边成熟边脱落，借助冠毛随风或地表径流传播，遇到湿润而疏松的土壤温度达到 10℃以上即可萌发出苗。种子的休眠期很短，一般为 7～15d，成熟种子当年即可发芽出苗。

苦苣菜的根茎部具有较多的潜伏芽，地上部受畜禽采食或刈割时残茬能继续再生，尤其在根系发育良好的叶丛期再生力最强，每 20d 刈割 1 次，不会影响其再生，但在花枝形成后再生力显著下降，往往刈割2～3次则难以再生。因此，放牧或刈割利用最好在抽茎之前进行。

◆ **饲用价值：**茎叶柔嫩多汁，含水量高达90%，稍有苦味，是一种良好的青绿饲料。猪、鹅最喜食，兔、鸭喜食，山羊、绵羊乐食，马、牛少量采食。

◆ **药用价值：**清热解毒、凉血止血。主治肠炎、痢疾、黄疸、淋证、咽喉肿痛、痈疮肿毒、乳腺炎、痔瘘、吐血、衄血、咯血、尿血、便血、崩漏。

蒲公英

拉丁学名：***Taraxacum mongolicum*** Hand.-Mazz.
英文名：Mongolian Dendelione

◆ **别名**：婆婆丁、公英、姑姑英。

◆ **形态特征**：多年生草本。全株含白色乳汁。叶莲座状平展，长圆状披针形或倒披针形，长5～20cm，宽1～5cm，羽状深裂，顶裂片较大，三角形或三角状戟形，侧裂片披针形或三角形，全缘或具波状齿。花葶数个，上部密被蛛丝状毛；头状花序单生，外层总苞片较短，卵状披针形至披针形，边缘膜质，顶端有小角，内层者条状披针形，顶端有小角；舌状花黄色。瘦果倒卵状披针形，长约4mm，暗褐色，中部以上具刺状突起，喙长6～10mm，冠毛白色。

◆ **地理分布**：中国各地；国外朝鲜、蒙古国、俄罗斯也有。

◆ **生态学特性**：适应性强，既耐旱又耐碱，生于山野，村落附近、山坡路旁、沟边、河岸沙质地、水甸子边等地均可生长。花期4—9月，果期5—10月。

◆ **饲用价值**：适口性好，猪、禽喜食。植株营养丰富，蛋白质含量较高。蒲公英出苗早、枯黄晚，叶柔嫩，整个植株在生育期内均可采用。新鲜蒲公英适宜喂鸡、鸭、鹅、兔等家禽，有催肥和增强体质的作用。因植株低，体内多汁，不宜调制干草，多用于放牧或青喂。

◆ **药用价值**：性苦、甘，寒，入肝、胃经。为清热解毒、消痛散结之主药。

碱苣

拉丁学名：***Sonchella stenoma*** (Turczaninow ex Candolle) Sennikov
英文名：Alxali Youngia

◆ **别名**：碱黄鹌菜、碱小苦苣菜。

◆ **形态特征**：一年生草本。高 30～40cm，茎直立，不分枝。叶基生或互生；根生叶线形，长约 7cm，先端尖，基部狭长成柄，全缘或具微齿；茎生叶无柄，较小，狭线形。头状花序有梗，组成总状；总苞筒状，苞片少，全为舌状花，黄色。瘦果扁，冠毛白色。

◆ **地理分布**：中国内蒙古、甘肃、西藏等地；国外俄罗斯也有。

◆ **生态学特性**：生于草原盐碱化草甸、盐渍化低湿地、盐湖边。花果期7—9月。

◆ **饲用价值**：春、夏季羊乐食，猪、兔也乐食。

◆ **药用价值**：性味微苦，性寒。清热解毒，消肿止痛。主治疮肿疔毒，用法为外用酌量，研末，用鸡蛋清调敷患处。

艾

拉丁学名：*Artemisia argyi* Lévl. et Van.
英文名：Argy Wormwood

◆ **形态特征**：多年生草本或略成半灌木状，植株有浓烈香气，主根明显，略粗长，直径达1.5cm，侧根多。茎单生或少数，高80～150cm，有少数短分枝，茎、枝被灰色蛛丝状柔毛。叶厚纸质，上面被灰白色短柔毛，并有白色腺点与小凹点。头状花序椭圆形，直径2.5～3.5mm，无梗或近无梗，排成穗状花序或复穗状花序，在茎上常组成尖塔形窄圆锥花序。瘦果长卵形或长圆形。花果期7—10月。

◆ **地理分布**：分布广，除极干旱与高寒地区外，几乎遍及全中国；国外蒙古国、朝鲜、俄罗斯也有。

◆ **生态学特性**：中生植物。生于低海拔至中海拔地区的荒地、山坡、路旁、田边等处，在森林草原地带可形成群落，作为杂草侵入耕地及村庄附近，有时也分布于林缘、林下或灌丛间。

◆ **饲用价值**：初春幼嫩时牛、马、羊乐食，至秋末、冬季时各种家畜均食其花序及枯叶。

◆ **药用价值**：性苦、辛，温，入肝、脚、肾经。为温下焦之寒之药。还有镇痛止血和安胎之功。

茵陈蒿

拉丁学名：*Artemisia capillaris* Thunb.
英文名：Capillary Wormwood

◆ **别名**：绵茵陈、白陈蒿、绒蒿。

◆ **形态特征**：半灌木状草本。植株有浓烈的香气。主根明显木质，茎单生或少数，高可达120cm，红褐色或褐色，基生叶密集着生，常呈莲座状，叶片卵圆形或卵状椭圆形，2～3回羽状全裂，每侧有裂片，小裂片狭线形或狭线状披针形，通常细直。头状花序卵球形，有短梗及线形的小苞叶，总苞片草质，卵形或椭圆形，背面淡黄色，有绿色中肋，花序托小，凸起；花柱细长，伸出花冠外，花冠管状，花药线形，长三角形，瘦果长圆形或长卵形。7—10月开花结果。

◆ **地理分布**：中国辽宁、河北、陕西、山东、江苏、安徽、浙江、江西、福建、台湾、河南、湖北、湖南、广东、广西及四川等地；国外朝鲜、日本、菲律宾、越南、柬埔寨、马来西亚、印度尼西亚及俄罗斯也有。

◆ **生态学特性**：生于低海拔地区的河岸、海岸附近、路旁及低山坡。

◆ **饲用价值**：初春叶丛柔软，牛、马、羊采食，秋霜后、冬季各种家畜均乐食，羊、骆驼喜食调制的干草。

◆ **药用价值**：性苦、辛，微寒，入脾、胃、肝、胆经。为清化湿热，专治黄疸的主药，也能通利水道，利水消肿。

婆婆针

拉丁学名：*Bidens bipinnata* L.
英文名：Spanishneedles

◆ **别名**：鬼针草、刺针草

◆ **形态特征**：一年生草本。茎直立，高30～120cm，下部略具4棱，无毛或上部被稀疏柔毛，基部直径2～7cm。叶对生，具柄，柄长2～6cm，背面微凸或扁平，腹面沟槽，槽内及边缘具疏柔毛，叶片长5～14cm，2回羽状分裂，第1次分裂深达中肋，裂片再次羽状分裂，小裂片三角状或菱状披针形，具1～2对缺刻或深裂，顶生裂片狭，先端渐尖，边缘有稀疏不规整的粗齿，两面均被疏柔毛。头状花序直径6～10mm；花序梗长1～5cm（果时长2～10cm）。总苞杯形，基部有柔毛，外层苞片5～7枚，条形，开花时长2.5mm，果时长达5mm，草质，先端钝，被稍密的短柔毛，内层苞片膜质，椭圆形，长3.5～4mm，花后伸长为狭披针形，果时长6～8mm，背面褐色，被短柔毛，具黄色边缘；托片狭披针形，长约5mm，果时长可达12mm。舌状花通常1～3朵，不育，舌片黄色，椭圆形或倒卵状披针形，先端全缘或具2～3齿，盘花筒状，黄色，长约4.5mm，冠檐5齿裂。瘦果条形，略扁，具3～4棱，具瘤状突起及小刚毛，顶端芒刺3～4枚，具倒刺毛。

◆ **地理分布**：中国东北、华北、华中、华东、华南、西南及陕西、甘肃等地分布；国外美洲、亚洲其他地区、欧洲及非洲东部也有。

◆ **生态学特性**：生于田间、路边荒地及山坡。

◆ **饲用价值**：牛、马、羊、猪、兔喜食其嫩叶；果实成熟后，其倒刺易黏附畜体，注意避开这一为害期来利用。

◆ **药用价值**：性苦，平。清热解毒，活血散瘀，祛风止痛。

薔薇科

- 龙牙草
- 蕨麻
- 委陵菜

- 菊叶委陵菜
- 毛二裂叶委陵菜

- 翻白草
- 枇杷

龙牙草

拉丁学名：*Agrimonia Pilosa* Ldb.
英文名：Hairyvein Agrimonia

◆ **别名**：仙鹤草、地仙草。

◆ **形态特征**：多年生草本。高 50～100cm。根状茎棕褐色，横走。茎直立，不分枝或上部分枝，有开展的长柔毛和短柔毛。不整齐单数羽状复叶，具小叶3～9，连叶柄长5～15cm，小叶间夹有小裂片，小叶倒卵形或倒卵状披针形，先端尖，基部楔形，边缘有粗圆锯齿，两面被长柔毛和腺点；托叶卵形，有齿。总状花序顶生，花黄色，直径5～8mm，萼筒倒圆锥形，顶部有钩状刺；花瓣5，雄蕊10或更多；雌蕊1，花柱2，瘦果椭圆形，包于宿存萼筒内。

◆ **地理分布**：分布几乎遍及中国各地；国外朝鲜、日本、俄罗斯、东南亚也有。

◆ **生态学特性**：中生植物。多散生在路旁、林缘、河边以及山坡草地或疏林灌丛中，很少形成龙牙草占优势的群落。5月抽嫩苗，6—7月开花，8—10月果成熟。

◆ **饲用价值**：适口性中等。青草期马、羊少量采食，牛乐食。粗蛋白质含量较高，粗纤维含量低，但家畜不愿采食，霜后其适口性有所提高。制青草粉可喂猪。

◆ **药用价值**：龙牙草的全草、根及冬芽均为重要药材。性苦、涩、平。归心、肝经。收敛止血，截疟，止痢，解毒，杀虫。用于咳血，吐血，衄血，尿血，便血，崩漏下血，血痢，疟疾，脱力劳伤，痈肿疮毒，阴痒带下。

蕨麻

拉丁学名：*Argentina anserina* (L.) Rydb.
英文名：Silverweed Cinquefoil

◆ **别名**：曲尖委陵菜、仙人果、鹅绒委陵菜。

◆ **形态特征**：多年生匍匐草本。根肥大，富含淀粉。纤细的匍匐枝沿地表生长，可达97cm，节上生不定根、叶与花梗。羽状复叶，基生叶多数，叶丛直立状生长，高达15～25cm，叶柄长4～6cm，小叶15～17枚，无柄，长圆状倒卵形、长圆形，边缘有尖锯齿，背面密生白绢毛。花鲜黄色，单生于由叶腋抽出的长花梗上。瘦果椭圆形，宽约1mm，褐色，表面微被毛。

◆ **地理分布**：中国东北、西北、华北及西南各地均有生长；广布于亚洲、欧洲及北美大陆。

◆ **生态学特性**：东北草原地区一般4月中旬当距地面10cm地温稳定在10℃以上、平均气温14℃时，萌发返青，5月中下旬始花，7月下旬终花，花期持续达60～75d，第一朵花开后7～12d开始结果，果期持续70d，9月中下旬早霜后，地上部植株枯萎，整个生育期达150～155d。

广幅型中生耐盐植物，分布广，数量多，海拔150～3 600m的低湿环境中都能生长。在沟谷、河滩以及灌溉的农田边埂上可见小片生长。对土壤的适应性强，在黑土、山地黑土、草甸土、沼泽化草甸土、高山草甸土以及不同盐渍化程度的草甸土，均能正常生长发育。在pH值6～8.5的土壤环境中亦可生长。具有很强的耐涝性，被水淹渍35d仍能发出新叶。喜光而不耐炎热干旱。在暑天，连续3～4d气温达30～35℃炎热无雨时，叶子易卷起；7～10d，小叶上部干枯；15d左右，地上部整株枯死。

◆ **饲用价值**：质地柔软，鲜草无特殊气味，干草具清香气味。东北草原地区7月其干、鲜草比值为1∶4，干草率为25%，属柔软多汁、营养价值较高的牧草。植株低矮且多基生叶，不便刈割干贮利用。青鲜草叶片糙涩，牛、羊少量采食，属中等偏低牧草。

◆ **栽培要点**：选向阳、地下水位高的低平地块，以黑土、草甸土及含有一定腐殖质的沙壤土为良好土质。秋季结冻前将地块浅翻20cm，切碎土块、耙平，作畦（畦宽2m、长10m，畦埂20cm）。翌年春季4—5月，将母株株丛连根带叶分开，按20m × 20cm 的株、行距栽植畦池中，埋植土深 4～6cm，然后灌水（为了省水，最好在雨前栽植）。雨季前锄草两次。也可在 6—8 月的雨季用埋条法繁殖。一般要饲家禽可随喂随割，一年中，每块地可刈割 3～4 次，每次间隔 20～25d，在第二次割后，可据地力情况酌施氮肥。

◆ **药用价值：** 味甘涩，性平。凉血止血，解毒止痢，祛风湿。主治用各种出血、细菌性痢疾、风湿性关节炎、偏头痛。

鹅绒委陵菜全株含鞣质 15.25%，全草可提取栲胶及黄色染料。此外，全草还供药用，国外资料报道能治疗肿瘤、坏血病等症；榨取

汁液内服，可排除尿结石，治疗结石症。青海、甘肃的高寒地区所产本种的根部肥大，富含淀粉，可供食用，特称藤麻。

委陵菜

拉丁学名：*Potentilla chinensis* Ser.
英文名：Chinese Cinquefoil

◆ **别名**：翻白菜、老鸦翎、白头翁。

◆ **形态特征**：多年生草本。高30～60cm，根圆柱状，木质化，黑褐色。茎直立或斜升，有毛。单数羽状复叶，基生叶丛生，具小叶11～25，狭长椭圆形或椭圆形，长1.5～4cm，宽5～15mm，羽状中裂或深裂，裂片三角状披针形，下面密被灰白色毡毛及柔毛；茎生叶与基生叶相似。伞房状聚伞花序顶生，花多数，黄色，直径约1cm。瘦果肾状卵形，稍有皱纹。

◆ **地理分布**：中国东北、华北、内蒙古、西北以至西南等地分布；国外蒙古国、俄罗斯、朝鲜、日本也有。

◆ **生态学特性**：旱生植物，对土壤不苛求，适应性广，生于山坡、丘陵草坡、路旁、林缘和灌丛下，是草甸草原及干草原的常见植物。在东北花期5—8月，果期7—9月。

◆ **饲用价值**：青草马嗜食，牛乐食，羊喜食；干草马、牛嗜食，羊最喜食。

委陵菜主要做猪饲料。4月下旬即可用于放牧，6—7月青刈舍饲，或作为猪的发酵饲料。8月后质地粗硬，所以晚期饲用价值不大，但制成干草和其他饲草混合饲喂，适口性增加。另外，花期为辅助蜜源植物。

◆ **药用价值**：全草可供药用。味苦，寒，归胃、大肠经。清热解毒，凉血止痢。用于热毒血痢、阴痒带下。

菊叶委陵菜

拉丁学名：*Potentilla tanacetifolia* Willd. ex Schlecht.
英文名：Tansleaf Cinquefoli

◆ **别名**：蒿叶委陵菜、沙地委陵菜。

◆ **形态特征**：多年生草本。高 10～50cm，根木质化。根茎短粗，多头，木质化，主根粗壮。水分条件较好的淡栗钙土上的植株高大，侧根多集中在 18cm 以上的土层中，主根分布也浅，地上高度与地下根的入土深度近相等；低洼湿度大、轻盐渍化土壤中植株矮小，主根入土可达 40cm 左右，但根纤细而根长超过株高的 20 倍。茎自基部丛生，斜升、斜倚或直立，茎、叶柄、花梗被柔毛。奇数羽状复叶，有小叶

11～17，顶生小叶最大，侧生小叶向下逐渐变小，小叶片椭圆形或倒披针形，边缘有缺刻状锯齿。伞房状聚伞花序，松散，黄色，直径 8～15mm。瘦果卵形，黄褐色。4 月上旬开始萌发，6 月下旬孕蕾，7—9 月开花，10 月结实成熟。

◆ **地理分布**：中国东北、华北、黄土高原等地分布；国外蒙古国、俄罗斯也有。

◆ **生态学特性**：中旱生植物，多生长在沙性强的丘陵坡地、有砾石的沙丘上，为草原、森林草原带中沙质草原中的常见种。常出现在大针茅、糙隐子草组成的群落中。散生于克氏针茅、冰草、溚草群丛的杂类草层片中，在草原植被中往往与阿尔泰狗娃花、葱属、知母、兴安天门冬等组成优势草层片，常因生境与某些生态因子的变化而在小的地域内形成以其为主的杂类草层片。

◆ **饲用价值**：中等饲用植物。夏季和秋季牛与马采食，干枯后几乎不采食，绵羊与山羊春季仅采食其嫩枝叶。花果期粗蛋白质和粗纤维的含量中等，无氮浸出物较丰富。

◆ **药用价值**：全草可入药，能清热解毒、消炎止血。主治肠炎、痢疾、便血、疮痈肿毒等症。

毛二裂叶委陵菜

拉丁学名：*Potentilla bifurca* L. var. *canesces* Bong et Mey.
英文名：Bifurate Cinguefoil

◆ **形态特征**：多年生草本。高 5～20m，单数羽状复叶，叶柄有毛。伞房状聚伞花序顶生，花黄色。瘦果少。花瓣黄色，倒卵形，顶端圆钝。花果期 5—9 月。

◆ **地理分布**：中国东北、西北和四川等地；国外蒙古国、朝鲜、中亚、俄罗斯也有。

◆ **生态学特性**：生地边、道旁、沙、滩、山坡草地、黄土坡上、半干旱荒漠草原及疏林下，海拔 800～3 600m。

◆ **饲用价值**：二裂叶委陵菜草质好，各种牲畜均喜采食，为良等饲用植物。

◆ **药用价值**：味甘，凉，归肝、大肠经。

翻白草

拉丁学名：*Potentilla discolor* Bge.
英文名：Discolor Cinquefoil

◈ **别名**：翻白委陵菜、鸡爪参。

◈ **形态特征**：多年生草本。高 10～40cm，根状茎短，粗壮，纺锤形或棒状。茎半卧生、斜升或直立，带红色。奇数羽状复叶，基生叶有长柄，长 4～11cm，小叶 7～9，稀 11，近无柄，长圆状椭圆形至披针形，长 2～7cm，宽 0.5～2cm，基部楔形、广楔形或歪楔形，先端微尖或钝，边缘有粗锯齿，表面绿色，疏生灰白色茸毛，背面密被灰白色茸毛；茎生叶三出，少数，茎下部叶有柄，长 1～3cm，茎上部叶无柄或近无柄；托叶大，有缺刻状锯

齿；小叶狭披针形，长 2～4cm，宽 5～8mm，有的小叶不发达，长约 1cm，宽 2～3mm。聚伞花序花密集；花梗短，花后伸长；花黄色，直径约 1cm，宽 3mm。瘦果近肾形，宽约 1mm。花期 5—6 月，果期 6—9 月。

◈ **地理分布**：中国各地；国外朝鲜、日本、俄罗斯（西伯利亚）也有。

◈ **生态学特性**：生于草甸、干山坡、路旁、草原。

◈ **饲用植物**：各种牲畜均食其嫩叶，属良等饲用植物。

◈ **药用价值**：全草可入药，以根为最佳。有清热、解毒、消肿、止血作用，主治痈疮、疔肿、吐血、便血、妇女血崩、疟疾、阿米巴痢疾及小儿疳积等症。嫩苗可食，块根含淀粉亦可生食。

枇杷

拉丁学名：***Eriobotrya japonica*** (Thunb.) Lindl.
英文名：Loquat

◆ **别名**：金丸、芦枝、卢桔、卢橘。

◆ **形态特征**：常绿小乔木。高可达 10m，小枝粗壮，黄褐色，密生锈色或灰棕色茸毛。叶片革质，披针形、倒披针形、倒卵形或椭圆长圆形，长12～30cm，宽3～9cm。圆锥花序顶生，长10～19cm，具多花；总花梗和花梗密生锈色茸毛，花梗长2～8mm；苞片钻形，长2～5mm，密生锈色茸毛；花直径12～20mm。果实球形或长圆形，直径2～5cm；种子1～5粒，球形或扁球形，直径1～1.5cm，褐色，光亮，种皮纸质。花期10—12月，果期5—6月。

◆ **地理分布**：中国长江流域及陕西、甘肃、广西、云南等地分布；国外日本、越南、印度也有。

◆ **生态学特性**：多生于山地林中。

◆ **饲用价值**：良等饲用植物。牛、羊食其嫩叶。

◆ **药用价值**：味苦，凉，入肺、胃经。为清肺热而降肺气的主药，还有和胃降逆止渴的功效。

苋　科

- 反枝苋
- 鸡冠花

反枝苋

拉丁学名：*Amaranthus retroflexus* L.
英文名：Shortbract Redroot Amaranth

◈ **别名**：西风古、野苋菜、苋菜。

◈ **形态特征**：一年生草本植物。茎直立，高 50～100cm，粗壮，有钝棱，密生短柔毛。幼时淡绿色，叶互生，菱状卵形或椭圆状卵形，长 5～12cm，宽 2～5cm；先端微凸，具小芒尖，基部楔形，全缘，两面均被柔毛；叶柄长 3～5cm。花单性或杂性，集成顶生和腋生圆锥花序，苞片与小苞片干膜质，钻形，花被片 5，膜质，绿白色，有淡绿色中脉；雄蕊 5，超出花被；雌花，花柱 3，内侧有小齿。胞果扁圆形盖裂；种子直立，卵圆状，黑色，有光泽。

◈ **地理分布**：分布于我国北方；欧洲、非洲、高加索、西伯利亚、小亚细亚、中亚细亚、蒙古国、朝鲜及日本均有。

◈ **生态学特性**：常见杂草，喜生于大陆性气候地区路旁、庭院、田间、地埂及撂荒地，适应性强，喜水、喜肥，再生性快。花期 7 月上旬至 9 月上旬，开花时间较长，直至初秋时节仍在盛开。产青草 20 000～26 000kg/hm^2，每株鲜重 150～400g，产量颇高。果熟期为 8—9 月末，种子量极大，随熟随落，种子的千粒重为 0.3g 左右。

◈ **饲用价值**：茎叶柔软，营养成分含量与豆科植物相似，维生素 C 的含量高。青饲，割下后用清水洗涤即可饲用。如调制干草刈割时间不可过迟。青草，马不喜食，牛喜食，羊最喜食。青割后切碎加糠，或者青割后，打成"菜酱"和其他饲料混合喂饲，猪和鸡最喜食，为优质饲料。种子可作精饲料。

◈ **药用价值**：性甘、淡，微寒，归脾、胃、大肠经。清热祛湿，凉血收敛。用于泄泻，痢疾，痔疮肿痛出血，毒蛇咬伤。

鸡冠花

拉丁学名：*Celosia cristata* L.
英文名：Common Cockscomb

◆ **别名**：鸡髻花、老来红、芦花鸡冠、笔鸡冠、小头鸡冠、凤尾鸡冠。

◆ **形态特征**：一年生直立草本。高30～80cm，全株无毛，粗壮。分枝少，茎上部扁平，绿色或带红色，有棱纹凸起。单叶互生，具柄；叶片长5～13cm，宽2～6cm，先端渐尖或长尖，基部渐窄成柄，全缘。中部以下多花，苞片、小苞片和花被片干膜质，宿存。穗状花序，多分枝呈鸡冠状、卷冠状或羽毛状，红、紫、黄或橙色。胞果卵形，长约3mm，熟时盖裂，包于宿存花被内。种子肾形，黑色，有光泽。

◆ **地理分布**：中国各地均栽培；国外其他亚洲热带地区也有。

◆ **生态学特性**：花期5—8月，果期6—10月。

◆ **饲用价值**：嫩茎、叶可作猪饲料。

◆ **药用价值**：性甘、涩，凉，归肝、大肠经。收敛止血，止带，止痢。用于吐血，崩漏，痔血，赤白带下，久痢不止。

十字花科

- 垂果南芥
- 荠

- 独行菜
- 菥蓂

- 油菜
- 萝卜

垂果南芥

拉丁学名：*Catolobus pendulus* (L.) Al-Shehbaz
英文名：Pendentfruit Rockcress

◆ **别名**：毛果南芥、疏毛垂果南芥、粉绿垂果南芥。

◆ **形态特征**：多年生草本。高 20～80cm，茎叶疏生硬毛和星状毛。茎直立，基部木质，不分枝或少分枝。下部叶有柄，矩圆形或矩圆状卵形，长 5～10cm，宽 2～3cm，先端渐尖，基部延伸成耳状，稍抱茎，边缘具齿牙或波状锯齿；上部叶无柄，狭

椭圆形或披针形，近全缘或具细锯齿。总状花序顶生，花白色，条形，直径 3mm。长角果，扁平，下垂，具 1 脉。种子卵形，淡褐色，具狭边。

◆ **地理分布**：中国东北、华北、西北、西南各地；国外亚洲北部和东部地区也有。

◆ **生态学特性**：中生植物。一般在 5 月开始萌发，6—7 月开花，8 月结实。冬季来临，地上部分干枯，翌年 5 月又开始萌动。花期 6—9 月，果期 7—10 月。

适生于海拔 1500～3600m。森林草原带及草原带的林缘和灌丛中为伴生种，也常见于沙质草原、河岸或路旁杂草地。

◆ **饲用价值**：适口性较好，家畜较喜食。富含粗蛋白质和灰分，粗纤维含量低。

◆ **药用价值**：性味辛，性平。清热解毒，消肿。

荠

拉丁学名：*Capsella bursa-pastoris* (L.) Medic.
英文名：Shepherdspurse

◈ **别名：**荠菜、荠荠菜。

◈ **形态特征：**一年生或二年生草本植物。茎直立，有分枝，高5～50cm，全株稍有单毛及星状毛。基生叶丛生呈莲座状，平铺地面，具长柄，大头羽状分裂，不整齐羽状分裂或不分裂，茎生叶无柄，狭披针形，先端锐尖，基部箭形，抱茎，全缘或具疏细齿。总状花序顶生和腋生，花后显著伸长；萼片狭卵形，具膜质边缘；花瓣白色，矩圆状倒卵形，长约2mm，具短爪，雄蕊6枚，4强，基部有2个蜜腺。短角果倒三角形或倒心形，长5～8mm，宽4～7mm，扁平，先端微凹，有极短的宿存花柱。种子两行，长椭圆形，扁平，细小。

◈ **地理分布：**全世界温带地区均有分布，为世界广布种。

◈ **生态学特性：**生育期因地区性的水热条件而不同，在我国东北地区，3月开始萌发或返青，6月中下旬开始枯黄，其生育期仅为120d左右，经过半个月左右的休眠期又开始萌发，长出新苗，并且新苗的发生一直可延续到10月。

第2次萌发的幼苗，生育期约为100d，这些再次萌发的植株在当年还可以产生成熟的种子，种子落地后仍能萌发，整个生产季节可通过种子繁殖2～3次。

在我国南方，例如上海一带全年除12月至翌年2月不能生长外，其他10个月都能良好生长，11月仍能开花结实。多分布于海拔较低的平原地带，适宜在pH值7.5～7.8的中性和微碱性土壤上生长，要求有较好的水热条件和光照，在年降水量为350～800mm的地区能良好生长。荠菜耐寒、抗旱，能长期忍受0℃以下

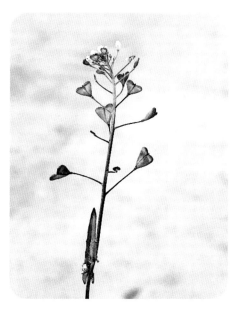

的低温，北方 10 月以后气温急剧下降，夜间温度经常达到 -5℃以下，当其伴生种因寒冷而濒临死亡时，荠菜依然能繁茂地生长。对炎热反应较敏感，6 月天气渐热时开始枯黄死亡。种子在 12～15℃的温度萌发，最适发芽温度 15～20℃，当温度低于 5℃和高于 30℃时不发芽。种子寿命较长，发芽力可保持 5 年以上。由于荠菜多生于果园、菜地、沟边和撂荒地等特殊的生境，其群落结构也相当不稳定。在南方少数城市郊区也有栽培供食用。优势种以一年生植物与田间杂草、道旁杂草为主，形成单一的植物群落，成片生长。

◆ **饲用价值**：草质鲜嫩，柔软，无特殊气味，富含水分，其干鲜比为 1：7，茎、叶和花序的鲜重比为 36：28：36。适口性好，易消化，营养丰富，鲜草蛋白质含量 2.99%，风干后蛋白质含量为 21.55%，富含钙及维生素 C，营养价值较高。作为猪饲料，以青、生喂为宜，或放牧自行采食。开花后期，茎、叶质地粗老、硬化，饲用价值降低，切碎或发酵后饲喂。也是一种蜜源植物，因其数量多，分布广，花期早，有蜜粉，对早春蜂群繁殖很有利。

◆ **药用价值**：性甘、淡，微凉，归肝、心、肺经。全草、根及种子均可入药。能凉血止血、清热利尿，可治肺结核、肾结核尿血、肠炎、血痢等症。种子能治眼痛，有明目作用。

独行菜

拉丁学名：*Lepidium apetalum* Willd.
英文名：Pepperweed, Peppergrass

◆ **别名**：腺独行菜、辣辣、羊拉罐儿。

◆ **形态特征**：一年生或二年生草本植物。高5～35cm，茎直立或斜升，多分枝，被白色短腺毛。基生叶莲座状，平铺地面，羽状浅裂或深裂，叶片狭匙形，长2～4cm，宽5～10mm，叶柄长1～2cm，茎生叶狭披针形至条形，长1.5～3.5cm，宽1～4mm，有疏齿或全缘。总状花序顶生，再排列成圆锥花序，果后伸长；花小，不明显，花梗长约1mm，萼片4，舟状，椭圆形，长0.5～0.7mm，宽0.3mm，边缘膜质，无毛；花瓣极小，匙形，长约0.3mm；有时退化成丝状或无花瓣；雄蕊2～4，位于子房两侧，伸出萼片外。短角果扁平，近圆形或椭圆形，直径3mm，无毛，顶端微凹，具二室，每室含种子1粒。种子矩圆形，长约1.5mm，宽约0.8mm，厚约0.3mm，表面具微小的瘤状突起，棕色。

◆ **地理分布**：中国东北、华北、西北及西南等地。

◆ **生态学特性**：华北地区 3 月下旬返青，种子在 4 月出苗，7 月中旬至 8 月进入枯黄期，生育期大约为 120d。成熟种子落地后，经 2 周左右休眠后，当年 8—9 月又开始出苗。幼苗在当年只进行营养生长，翌年才能开花结实。植株分枝能力较强，上部枝条被家畜采食后，其下部茎很快进行分枝，具有较强的再生能力。种子或越冬幼苗繁殖。适应性和抗逆性都很强，对土壤要求不严，最适 pH 值 7.5～8.5，在各种土壤中都能生长良好。具有抗旱特性，适宜生长在稍干燥的向阳地上，喜光性强，在过分湿润的土壤条件下，生长不良。较耐寒冷，种子在 5℃的环境即可萌发；亦耐炎热，种子在 30℃的条件下，发芽率最高，可达 84%，在 20℃时，其发芽率仅为 77%。种子在吸水萌发时，首先在外表形成一层非常黏的水膜，对种子胚芽的出土起到保护作用。独行菜广泛生于沙质草原及盐化草甸以及田野、路旁、居民点附近和放牧过重的地方，常与多种一至二年生植物和少数多年生植物形成不稳定的群落，这类群落虽然由多数一至二年生植物构成，但在降水量较多的情况下，生长良好，群落总盖度达 50%～80%。

花期 4—8 月，果期 5—9 月。

喜温和而凉爽气候，排水良好而肥沃的砂质土壤，不宜栽培在低洼容易积水的地区。种子繁殖，4—5 月播种，条播或撒播均可，覆土 1～1.5cm，保持土壤湿润，约 10d 出苗。6 月追肥 1 次。

◆ **饲用价值**：春季质地柔软鲜嫩，夏季变得粗糙，并具有辛辣味。其干、鲜比为 1∶6，茎、叶比为 70∶30，营养价值较高。粗蛋白含量较低，钙含量较丰富，为良等饲用植物。青鲜草各种家畜均采食，但因具有辛辣味，采食率不高。调制成干草后，羊、骆驼采食。看冻后，牛、羊喜食。青鲜草青贮发酵后，辛辣味消失，各种家畜均喜食。幼嫩期，猪喜食；稍老后，不甚喜食。作为猪饲料，幼嫩期割取上部分，切碎生湿喂。现蕾期割嫩枝梢，与其他野菜混合生湿喂或发酵喂。

◆ **药用价值**：全草及种子可入药。性辛、苦，大寒。归肺、膀胱经。泻肺平喘，行水小众。用于痰涎壅盛，喘咳，胸胁胀满，不得平卧，胸腹水肿，小便不利，肺源性心脏病水肿。

菥蓂

拉丁学名：*Thalaspi arvense* L.
英文名：Bastard Cress, Beesomweed Pennycress

◈ **别名**：遏蓝菜、败酱草、野榆钱、淘力都—额布斯、巴日嘎。

◈ **形态特征**：一年生草本。全株无毛，茎直立，高15～40cm，不分枝或稍分枝。基生叶早枯萎，倒卵状矩圆形，有柄；茎生叶倒披针形或矩圆状披针形，长3～6cm，宽5～16mm，先端圆钝，基部箭形，抱茎，边缘具疏齿或近全缘。总状花序顶生或腋生；花小，白色，花梗纤细；萼片近椭圆形；花瓣长约3mm，矩圆形。短角果近圆形或倒宽卵形，长8～16mm，扁平，周围有宽翅，顶端深凹缺，开裂。种子宽卵形，棕褐色。

◈ **地理分布**：中国各地；国外欧洲、亚洲、非洲也有。

◈ **生态学特性**：多生于农田、路旁、山坡、渠旁、谷底、草地，适应性极广。在新疆分布在海拔700～2 400m地带；在川西北分布在海拔3 300～3 600m的地带。喜潮湿、温热气候，生活力极强，生长发育快。耐瘠薄，对土壤要求不严。在新疆，4月中旬萌发，5月下旬开花，7月种子成熟。

◈ **饲用价值**：常为农田杂草，在荒漠草场青绿时，牛、羊采食，马不食；结实后茎粗硬，家畜不采食，在饥饿时少量采食。

◈ **药用价值**：遏蓝菜嫩苗可做野菜食用，种子和全草可作药用。性味苦寒。清热解毒，消肿排脓。用于阑尾炎、肺脓肿、痈疖肿毒、丹毒、子宫内膜炎、白带、肾炎、肝硬化腹水等。

油菜

拉丁学名：*Brassica rapa* var. *oleifera* de candolle
英文名：Bird Rape

- ◆ **别名**：菜薹、北方小油菜、芸薹。

- ◆ **形态特征**：一年生草本。直根系，茎直立，分枝较少，株高30～90cm。叶互生，分基生叶和茎生叶两种，基生叶不发达，匍匐生长，椭圆形，长10～20cm，有叶柄，大头羽状分裂，顶生裂片圆形或卵形，侧生琴状裂片5对，密被刺毛，有蜡粉。茎生叶和分枝无叶柄，下部茎生叶羽状半裂，基部扩展且抱茎，两面有硬毛和缘毛；上部茎生叶提琴形或披针形，基部心形，抱茎，两侧有垂耳，全缘或有波状细齿。总状无限花序，着生于主茎或分枝顶端。花黄色，花瓣4，为典型"十"字形。雄蕊6枚，4强。长角果条形，长3～8cm，宽2～3mm，先端有长9～24mm的喙，果梗长3～15mm。种子球形，紫褐色。

- ◆ **地理分布**：原产中国西部，分布于中国的西北、华北、内蒙古及长江流域各地；世界各地广泛分布。

- ◆ **生态学特性**：油菜包括芸薹属中许多种，根据我国油菜的植物形态特征、遗传亲缘关系，结合农艺性状、栽培利用特点等，将油菜分为白菜型油菜、芥菜型油菜和甘蓝型油菜3种类型。

油菜的阶段发育比较明显，冬性型油菜，春化阶段要求 0～10℃，需经过 15～30d；春性型介于春、冬型之间，对温度要求不甚明显。白菜型油菜生育期变幅较大；北方春小油菜的生育期 60～130d；冬小油菜 130～290d。油菜为长日照植物，日照时数 12～14h 时能开花结实。增加日照，可以提前开花结实。反之，延缓发育。

油菜依生育特点和栽培管理不同，可分为苗期、蕾薹期、开花期和角果发育成熟期。苗期时间长，一般为 60～90d。春性强的油菜，苗期较短，此时主要是叶片生长和根系建成。蕾薹期是从植株露出花蕾到第一朵花开放为止，此时是营养生长和生殖生长两旺阶段。营养生长较快，每天植株增高 2～3cm，叶片面积增大，茎生叶生长并开始分枝。蕾薹期受类型、品种、温度及栽培管理条件诸因素的影响，一般为 30d 左右。油菜有 25% 的植株开花时，即为初花期，75% 植株开花为盛花期，花期约 30d。油菜开花顺序主茎先开，分枝后开；上部分枝先开，下部分枝后开；同一花序，下部先开，依次陆续向上开放。开花期对土壤水分和肥料要求迫切，特别是磷、硼元素尤为敏感。油菜的子实期是从终花至种子成熟，一般为 1 个月左右。这个时期对矿物质营养的需要逐渐减少，特别是氮肥不宜太多，氮肥过多会贪青晚熟，对油分积累不利。

油菜是根深、枝叶繁茂、生长期长的作物，要求生长在土层深厚、肥沃、水分适宜的土壤中，土壤pH值5～8，以弱酸或中性土壤最为适宜，较耐盐碱。

◈ **饲用价值：**油菜是猪、禽的优良青绿饲料。茎秆和果壳含粗蛋白质 2.1%～3.1%，粗脂肪 2.3%～4.7%，粉碎后可做家畜的饲料；油菜籽榨油后的饼渣含有丰富的蛋白质、氨基酸和矿物质。菜籽饼含有硫代葡萄糖苷（芥子毒素），这种物质本身无毒，但遇到芥子酶时就会发生水解，产生恶唑烷硫酮和异硫氰酸盐和腈类等有毒性物质，这些物质在消化吸收过程中变成促甲状腺素物质，使单胃家畜发生甲状腺肿大，消化道受损。对反刍类家畜无毒害。用菜籽饼做饲料时，应先打碎，用温水浸泡 8～12h，除去浸泡水，加清水煮 1h，使毒素蒸发后与其他饲料搭配饲用，是猪、禽等配合饲料的成分。

◈ **药用价值：**性辛，温，归肝、肾经。行气祛瘀，消肿散结。用于痛经，难产，产后血滞腹痛，疮疖痈肿，痔疮。

萝卜

拉丁学名：*Raphanus sativus* L.
英文名：Graden Radish, Radish

◆ **别名**：萝白、莱菔、芦菔。

◆ **形态特征**：一年生或二年生草本。萝卜叶在抽薹前着生于缩短的根头上，大头羽状分裂，长8～30cm，宽3～5cm；顶生裂片卵形，侧生裂片4～6对，矩圆形，边缘有钝齿，疏生粗毛。萝卜根有肉质根和吸收根，肉质根的形状和颜色因品种不同而异，有长圆形、圆形、扁圆形，颜色有白、红、绿、紫和桃红色等。萝卜肉质根全埋、半埋或几乎全露在土壤表面。萝卜的吸收根在肉质根上排列成两行，根群主要分布在30～40cm土层。春天自缩短的根头上抽薹，总状花序顶生，花白色或淡紫色，花冠"十"字形。长角果肉质，圆柱形，长1.5～3cm，在种子间缢缩，并形成海绵质横隔，先端渐尖成喙，成熟后不开裂，内含种子3～7粒。

◆ **地理分布**：原产于中国，栽培历史悠久，南北各地普遍栽培。

◆ **生态学特性**：性喜温和，种子在2～3℃时萌发，地上部最宜生长温度为20～25℃，而肉质根膨大的最适温度为13～17℃。温度过高，地上部生长过速，地下部受到抑制，而且辣味、苦味很强，品质欠佳。温度低于6℃，整个植株生长微弱，肉质根也不肥大，易通过春化阶段导致肉质根未肥大前便抽薹开花。不耐干旱，干旱过久极易生蚜虫，影响肉质根的发育，造成液汁少、糖分低并带苦味、辣味。土壤过干、过湿变幅过大时，易造成直根破裂，也易患腐烂病。肉质根吸水过多，组织疏松，不耐贮藏。长日照植物，对光照强度要求较严，光照不足，叶子变小，叶柄伸长，下部叶变黄，造成减产。对氮肥、钾肥要求较高。

◆ **饲用价值**：饲用萝卜产量很高，一般45～60t/hm²，多者可达75～113t/hm²。肉质根充分成熟后，叶重为总重的30%～40%，萝卜叶蛋白质比肉质根要高，一般占风干重的20%以上，其中约有一半是纯蛋白质。萝卜肉质根中富含碳水化合物、多种维生素及磷、铁、硫等无机盐类，具有促进消化的作用，作为饲料来讲，萝卜叶的营养成分比肉质根高，是优良多汁饲料。宜生喂，喂猪可切碎或打浆。也可整个贮藏，或打碎青贮，或切片晒干。

◆ **药用价值:** 萝卜性辛、甘,平,归肺、脾、胃经,消食除胀,降气化痰。用于饮食停滞,大便秘结,积滞泻痢,痰壅喘咳。

萝卜缨性辛、苦,平,归肺、脾、胃、肝经。消食理气,清利咽喉。用于胸膈痞满作呃,食滞不消,泻痢咽痛音哑,乳汁不通。

禾本科

- 茇茇草
- 画眉草

- 芦苇
- 硬质早熟禾

- 狗尾草

芨芨草

拉丁学名：*Neotrinia splendens* (Trin.) M. Nobis, P. D. Gudkova & A. Nowak
英文名：Lovely Achnatherum

◆ **别名**：积机草、席茸草。

◆ **形态特征**：多年生草本。须根具砂套，多数丛生、坚硬。草丛高 50～250cm，丛径 50～140cm。叶片坚韧，纵间卷折，长 30～60cm。圆锥花序长 40～60cm，开花时呈金字塔形展开，小穗长 4.5～6.5mm，灰绿色或微带紫色，含一小花；颖膜质，披针形或椭圆形，第一颖较第二颖短；外稃厚纸质，长 4～5mm，具 5 脉，背部密被柔毛；基盘钝圆，有柔毛；芒直立或微曲，但不扭转，长毛 5～10mm，易脱落；内稃有 2 脉，脊不明显，脉间有毛。

◆ **地理分布**：中国北方分布很广，从东部高寒林甸草原到西部的荒漠区以及青藏高原东部高寒草原区均有分布，主要分布在黑龙江、吉林、辽宁、内蒙古、山西、宁夏、甘肃、新疆、青海、四川、西藏等地；国外蒙古国、俄罗斯也有。

◆ **生态学特性**：无性繁殖，也可用种子繁殖。返青后，生长速度快，冬季枯枝保存良好，特别是根部可残留数年，因此，芨芨草草场一年四季均可牧用。芨芨草具有广泛的生态可塑性，喜生于地下水深为 1.5m 左右的盐碱滩沙质土壤，在低洼河谷、干河床、湖边、河岸等地带常形成开阔的芨芨草盐化草甸。在较低湿的碱性平原以至高达 5 000m 的青藏高原，从干草原带一直到荒漠区，均有芨芨草生长，但不进入林缘草甸。可作为牧区水源、打井的指示植物。芨芨草草滩在荒漠化草原和干旱草原区，为主要的冬营地。

◆ **饲用价值**：中等品质牧草，对于中国西部荒漠、半荒漠草原区，解决大牲畜冬、春饲草有一定作用，终年为各种牲畜所采食，但时间和程度不一。骆驼、牛喜食，其次马、羊。春季夏初，嫩茎叶为牛、羊喜食，夏季茎叶粗老，骆驼喜食，马次之，牛、羊不食。霜冻后的茎叶各种家畜均采食。但在生长旺期仍残存着枯枝，故降低可食性，也给机械收获带来困难。芨芨草是造纸、人造纤维原料，也是一种较好的水土保持植物。

◆ **药用价值**：味甘淡，性平。利尿。主治尿路感染，尿闭。

画眉草

拉丁学名：*Eragrostis pilosa* (L.) Beauv.
英文名：Korean lovegrass

◆ **别名**：星星草、蚊蚊草。

◆ **形态特征**：一年生草本。秆丛生，常膝曲，高可达 80cm，常具多数分枝。叶鞘疏松裹茎，叶舌为 1 列白色柔毛，叶片扁平或内卷，叶面粗糙，叶背平滑无毛。圆锥花序开展，分枝斜升或平展，具明显的纵条纹，微糙，基部者或有时上部者近于轮生，腋间具有长柔毛；小穗柄微糙，含小花；圆锥花序开展或紧缩；颖不相等，膜质，透明，第一颖卵形，第二颖长卵形，外稃膜质透明，卵形，内稃迟缓脱落，膜质透明，颖果棕色，长圆形。7—10 月开花结果。

◆ **地理分布**：中国各地均有分布。

◆ **生态学特性**：喜温暖气候和向阳环境。

◆ **饲用价值**：植株柔软细嫩，为优良牧草或家禽饲料。

◆ **药用价值**：味淡，性平。清热解毒，疏风解表，利小便。主治肾炎，目生云翳，子宫出血，大便燥结，小便不利。

芦苇

拉丁学名：*Phragmites australis* (Cav.) Trin. ex Steud..
英文名：Common Reed

◆ **别名**：苇子、芦、葭。

◆ **形态特征**：多年生草本。具根状茎，秆高 0.5～3m，高可达 4～25m，直径 2～10mm，适宜作牧草用的秆高 0.7～1.5m，直径 5mm 以下；叶鞘无毛或被细毛；叶舌短，叶片扁平，长 15～20cm，宽 1～3.5cm，光滑而边缘粗糙。圆锥花序稠密，开展，稍垂头，长 10～40cm，常呈淡紫红色；小穗含 3～7 小花，长 10～12mm，颖具 3 脉，第一颖长 3～7mm，第二颖长 5～11mm；外稃具 3 脉，基盘具长 6～12mm 的柔毛；第一小花常为雄花。颖果，长卵形，长 0.2～0.25mm，宽 0.1mm。

◆ **地理分布**：在中国分布很广，东北的辽河三角洲、松嫩平原、三江平原，内蒙古的呼伦贝尔和锡林郭勒草原，新疆的博斯腾湖、伊犁河谷及塔城额敏河谷等苇区是大面积芦苇集中的分布地区。芦苇也广布于全世界。

◆ **生态学特征**：具横走的根状茎，在自然环境中，以根状茎繁殖为主，根状茎纵横交错形成网状，甚至在水面上形成较厚的根状茎层，人、畜可以在上

面行走。根状茎具有很强的生命力，能较长时间埋在地下，1m 甚至 1m 以上的根状茎，在条件适宜时可发育成新枝。也能以种子繁殖，种子可随风传播。对水分的适应范围广，从土壤湿润到长年积水，从水深几厘米至 1m 以上，都能形成芦苇群落。在水深 20～50cm 流速缓慢的河、湖，可形成高大的禾草群落，素有"禾草森林"之称。芦苇对土壤和水的 pH 值适应幅度较大，从微酸性至中性可达碱性，即 pH 值 6.5～9 都能正常生长发育，形成群落，但以 pH 值 7～8 时生长最茂盛。

芦苇对盐碱土有较强的耐力，能在内陆咸湖附近有较厚盐结皮的盐土上生长，但外部形态显著变化，植株矮小，高仅 20cm，叶子呈披针状。

芦苇的物候期各地不一。在华北地区发芽期 4 月上旬，展叶期 5 月初，生长期 4 月上旬至 7 月下旬，孕穗期 7 月下旬至 8 月上旬，抽穗期 8 月上旬至下旬，开花期 8 月下旬至 9 月上旬，种子成熟期 10 月上旬，落叶期 10 月底以后。

◆ **饲用价值：**芦苇是一种适应性广、抗逆性强、生物量高的优良牧草。嫩茎、叶为各种家畜所喜食。目前大多数都作为放牧地利用，也有用作割草地或放牧与割草兼用，往往作为早春放牧地。芦苇草地常季节性积水或过湿，加之是高草地，适宜马、牛等大型牲畜放牧。芦苇地上部分植株高大，又有较强的再生力，以芦苇为主的草地，生物量也是牧草类较高的，在自然条件下产鲜草 3.9～13.9t/hm^2。每年可刈割 2～3 次。

除放牧利用外，可晒制干草和青贮。青贮后草青色绿，香味浓，羊多喜食，牛亦喜食，马多不喜食。

◆ **药用价值：**性甘，寒，入肺、胃经。为清热生津之主药，兼有利水、透疹之功。清热生津，用于热病伤津、烦渴贪水、口红而燥、小便不利等症，常与生地、花粉、麦冬等配伍，以取清润肺胃、生津止渴之效。清肺止咳：用于温病犯肺、热伤肺经而致的肺热咳嗽、风热感冒，可与银花、连翘、桑白皮、黄芩等配伍。清胃止呕：用于因胃热伤津、反胃吐食、大便干结、口红而燥、脉象洪数等症，多与赭石、竹茹、枇杷叶等同用，取甘寒除热益胃，下气宽中的作用。此外，配败酱草、薏苡仁、桃仁、苇茎等，可治肺脓肿；配茵陈、栀子、黄芩，可治黄疸；配水通、茅根、车前草，多用于小便短赤不利。

硬质早熟禾

拉丁学名：*Poa sphondylodes* Trin.
英文名：Hard Bluegrass

◆ **别名**：铁丝草、龙须。

◆ **形态特征**：多年生草本。秆直立，密丛生，细硬，高30～60cm，具3～4节。叶鞘长于节间，无毛；叶舌膜质，先端锐尖，长3～5mm；叶片长2～9cm，宽约1mm。圆锥花序紧缩，长3～10cm，宽约1cm，每节具2～5分枝；小穗成熟后呈草黄色，长5～7mm，含4～6小花；颖披针形，具三脉；外稃披针形，先端狭膜质，脊下部2/3和边缘下部

1/2有长柔毛，基盘具绵毛，第一外稃长3mm，内稃等长于外稃。

◆ **地理分布**：中国东北、华北、西北、山东、江苏等地；国外俄罗斯、朝鲜也有。

◆ **生态学特性**：中旱生密丛性禾草。生于典型草原地带，可进入森林草原带及华北落叶阔叶林带的灌丛草地，极少出现于荒漠地带。返青早，生长快。一般4月下旬返青，5—6月抽穗开花，7—8月结果，9月中旬枯黄。喜阳光，耐寒、耐旱，生态幅广，对土壤要求不严，在栗钙土及碳酸盐褐土上生长良好，土壤pH值7.9～8.5。常见于干山坡、黄土丘陵坡地，作为针茅草原及灌木草丛中的伴生种或优势种。在东北西部疏林灌丛的固定沙丘、沙地和蒿类—羊草草原上生长良好。

◆ **饲用价值**：中等牧草。草质柔软、嫩茎和叶各种家畜皆喜食，其中以马和羊最喜食，为夏秋季抓膘牧草。可以放牧，也可刈割制成青干草，是家畜越冬很好的补充饲草，粉碎后的草粉还可饲喂猪、鸡。

◆ **药用价值**：性味甘淡，性平。清热解毒，利尿，止痛。主治黄水疮，小便淋涩。

狗尾草

拉丁学名：*Setaria viridis* (L.) Beauv.
英文名：Green foxtail, Green Bristlegrass

◆ **别名**：谷莠子、莠、毛狗草。

◆ **形态特征**：一年生草本。秆直立或基部膝曲，高20～90cm，基部稍扁，带青绿色。叶鞘较松弛，无毛或被柔毛；叶片扁平，长5～30cm，宽2～15mm，先端渐尖，基部略呈圆形或渐狭。圆锥花序圆柱形，直立或上部弯曲，刚毛长4～12mm，绿色、黄色或紫色；小穗椭圆形，长2～2.5mm，2至数枚成簇生于缩短的分支上，每个小穗基部具1～6条刚毛状小枝，成熟后小穗与刚毛分离而脱落；第一颖长为小穗的1/3，第二颖与小穗等长或稍短。第一外稃与小穗等长。颖果椭圆形或长圆形，顶端锐，长约1mm。

◆ **地理分布**：中国各地均有分布，以黑龙江、吉林、辽宁、河北、山东、山西、内蒙古、陕西、宁夏、甘肃等地较多；世界广布于温带和亚热带地区。

◆ **生态学特性**：适应性强，分布广，盐碱地、酸性土、钙质土都能生长，耐干旱，耐瘠薄。在路旁、耕地、沟边、湿地和山坡常见。

狗尾草在5月初发芽，春旱生长缓慢，随气温上升生长迅速，8月开花结实，9

月果熟，种子成熟后极易脱落。种子产量大，发芽率高，落地后可以自生，尤其在雨季又迅速生长成为优势种，是难以消灭的农田杂草，但在北方各地农田撂荒后的第一年生长特别茂盛，是群落演替的先锋植物。当翻耕松土改良退化草场时，第一年也往往是优势植物，并经常和黄蒿混生成为优势种。随着多年生植物的增加，其数量逐渐减少，为提高当年收益常补播，还有时与羊草混播。以此，要掌握刈割和采种时间。

◆ **饲用价值：**优等饲草。草质好，适口性强，牧民称为"热草"，可作为家畜抓秋膘饲草，也可以刈割作为冬贮干草。茎叶柔软，无论是鲜草或是干草家畜均喜食。鲜、干草马、牛乐食，羊喜食草地上的枯落干草。产量较高，一般产鲜草 3 750～4 500kg/hm^2，每株鲜重可达 40g 左右。种子可供家禽饲用。狗尾草的叶占 9.5%，叶鞘占 19%，茎占 59.5%，茎多叶少，秋季秆易粗硬，降低饲用价值。

◆ **药用价值：**性味甘淡，性平。清热明目，消积，生肌排脓。主治目翳，倒睫，小儿疳积，已溃之淋巴结核，骨结核。

莎草科

● 水葱

水葱

拉丁学名：*Schoenoplectus tabernaemontani* (C.C. Gmelin) Palla
英文名：Tabernaemontanus Bulrush

◆ **别名**：水葱蔍草、小放牛、莞。

◆ **形态特征**：多年生大型水生草本。根状茎粗壮，匍匐，褐色。茎直立，高 40～200cm，直径 3～15cm，圆柱形，平滑，中空。叶鞘疏松，上缘斜切，淡褐色，脉间具横隔，偶尔有长 2～10cm 具较狭窄的叶片，苞片 1～2，其中 1 枚稍长，为秆的延伸，短于花序，直立。长侧枝聚伞花序，假侧生，辐射枝 3～13 或更多。小穗卵形或矩圆形，单生或 2～3 枚聚生，红棕色或红褐色。鳞片卵形或矩圆形，长 3.5mm，宽 2.2mm，红棕色或红褐色，常具紫红色疣状突起，背部具 1 淡绿色中脉，边缘近膜质，具绿毛，先端凹缺，其中脉延伸成短尖；下位刚毛 6 条，与小坚果近等长，具倒刺；雄蕊 3；柱头 2，长于花柱。小坚果倒卵形或椭圆形，长 2mm，宽 1.5mm，平凸状，灰褐色或褐色，平滑光亮。

◆ **地理分布**：中国东北、华北、西南及江苏、陕西、甘肃、新疆等地；国外朝鲜、日本、欧洲、大洋洲、美洲也有。

◆ **生态学特性**：可进行无性繁殖和有性繁殖。根状茎在地下 10～30cm 的泥土中横走，非常发达，节间短而密集，节上具多数须根和芽，通过根茎每年可产生大量新的株丛，再生能力极强。也可通过种子进行繁殖，成熟的种子容易脱落，在适宜的条件下即可萌发生长。水葱属于多年生宿根的湿生沼泽种，生长环境多为池沼、湖泊、河流和沟渠等处，适宜生长在多腐殖质的沼泽浅水中，典型生境是常年积水的河滩与湖滨泛滥低地，土壤多是在冲积物上发育的腐殖质沼泽土，也有些是弱盐化沼泽土，一般呈中性或弱碱性反应，pH 值 7～8，喜光照，在通风透光、温度较高的夏季生长迅速。较抗寒冷，在北方，冬季有时气温下降到 -40℃仍能顺利越冬，翌年正常返青。较耐盐碱及炎热，更耐水淹，从中国温带地区至寒温带地区的浅水中都能生长发育。4—5 月返青，6—7 月开花，8—9 月果实成熟，生育期 180d 左右。8 月下旬开始种子同果穗一同脱落经过越冬休眠，翌年 5—6 月发芽出苗。水葱沼泽地结构整齐，株丛茂密，植株高大，一般高 1～2m，总盖度为 70%～90%。

◆ **栽培要点**：种子和根状茎繁殖。种子繁殖，于秋季采收种子，翌年南方2—3月、北方4—5月将河滩围起、水排出后播种，撒播、条播、穴播均可，覆土1～2cm，可自行出苗。出苗后，放入浅水，随着幼株长高，水量逐渐加深。根状茎繁殖，南方在2—3月，北方在4—5月，将根掘出，用刀切成小段，栽于河泥中，当河泥稍干，发出新芽，再放入浅水，随着植株长高，水面逐渐加深，但水面不要超过植株，否则被水淹死。

◆ **饲用价值**：中等饲用植物。适口性较差，茎叶质地较为粗糙，无特殊气味。

叶量很少，其主要饲用部位是茎秆，茎穗比为93:7，干鲜比为1:6，牛采食，幼嫩期猪喜食，出穗以后纤维增加，猪不喜食。水葱生长快，在整个生长季节内刈割1～2次。作为猪饲料，割取地上全草，经切碎生湿喂或发酵喂。出穗前后选择较嫩的植株，经充分粉碎发酵或打浆喂；喂牛可直接放牧或青饲，也可青贮。最佳刈割期为6—8月，体内粗纤维含量较少，产量高，每公顷可产鲜草1 500～3 000kg。是草食性和杂食性鱼类的天然性饵料，并为鱼类产卵和逃避敌害提供场所，冬季对鱼类具有保温作用。

◆ **药用价值**：全草入药，性平，味淡。利尿。能除湿利尿，治水肿胀满，小便不利等病。

百合科

————————————

- 薤白
- 知母

————————————

- 小黄花菜
- 渥丹

————————————

- 山丹
- 韭

薤白

拉丁学名：***Allium macrostemon*** Bunge
英文名：Longstamen Onion

◆ **别名**：小根蒜、大蕊葱。

◆ **形态特征**：根色白，鳞茎近球状，鳞茎外皮带黑色，纸质或膜质，不破裂，但在标本上多因脱落而仅存白色的内皮。叶3～5枚，半圆柱状，或因背部纵棱发达而为三棱状半圆柱形，中空，上面具沟槽，子房近球状，腹缝线基部具有帘的凹陷蜜穴；花柱伸出花被外。花果期5—7月。

◆ **地理分布**：中国各地均有分布；国外俄罗斯、朝鲜和日本也有。

◆ **生态学特性**：薤白多生长于生于海拔1 500m以下山坡、丘陵、山谷、干草地、荒地、林缘、草甸以及田间，极少数地区（云南和西藏）在海拔3 000m的山坡上也有。常成片生长，形成优势小群。耐旱，耐瘠，耐低温，适应性很强，是一种易种好管的粗放型经济作物。

◆ **饲用价值**：牛、羊乐食，为良等饲用植物。

◆ **药用价值**：性味辛苦，性温。理气，宽胸，散结，止痛。主治胸闷胀痛，心绞痛，慢性胃炎，痢疾等。

知母

拉丁学名：***Anemarrhena asphodeloides*** Bunge
英文名：Common Anemarrthena

◆ **别名**：地参、蒜辫子草、昌支、穿地龙。

◆ **形态特征**：多年生草本。叶基生，条形，平展或稍纵卷，基部渐宽或鞘状。花葶直立，圆柱形；苞片小，卵形或卵圆形。总状花序长 20～40cm，花常 2～6 朵簇生，淡紫红色或白色；花被片 6，矩圆状条形；雄蕊 3，花丝短。蒴果狭椭圆形，顶端有 1 短喙，具 6 纵棱。种子黑色，具 3～4 纵狭翅。

知母的根系不甚发达。据调查，在覆沙质栗钙土地带，根状茎长 8～12cm，水平或斜向下伸入土层 4～10cm。须根较粗，集中分布在 5～15cm 土层中，15cm 以下根系稀少。具横走的根状茎。

◆ **地理分布**：中国黑龙江、吉林、辽宁、内蒙古、河北、山西、山东、甘肃等地；国外蒙古国、朝鲜也有。

◆ **生态学特性**：在内蒙古地区 4 月末至 5 月初开始返青，7 月初至 8 月中为开花期，7 月末至 9 月初结实。9 月中旬以后地上部分迅速干枯。

知母属温带旱生植物。根状茎上包被着大量的黄褐色纤维状枯叶鞘，对分布在地表土层中的根状茎起着防热、防旱和抗蒸腾作用。适生于温暖肥沃、排水良好的沙壤质土。在沙壤质栗钙土地带性草地群落中，常以伴生成分或亚优势成分出现在贝加尔针茅草原、大针茅草原或羊草草原中，有时还会形成知母根茎型杂类草层片。

◆ **饲用价值**：一些文献资料中，知母常被认为是"有毒植物"或"可疑性有毒植物"，但对家畜如何引起中毒、中毒症状及其毒理学作用如何一直没有过确切的报道。据分析，知母主要含皂球（$C_{27}H_{44}O_4$），集中于根茎部，含量达 6%，叶片含 0.7%，然而从放牧试验观察中得知，知母是一种可食性系数很高的饲用牧草。在春、夏、秋 3 季，其地上部分均为牛、马所乐食，但不挑食；绵羊最为喜食，有时表现出明显的挑食现象。春、夏季绵羊对知母的采食率高于对羊草的采食率，夏秋季高于大针茅，并且大量采食后绵羊也没有表现出任何的不适症状。种子成熟以后，家畜均不再采食。

生长期知母的粗蛋白质含量占干物质的 11.88%～12.83%，粗脂肪和无氮浸出物含量也很丰富。

◆ **药用价值**：性苦，寒，入肺、胃、肾三经。为清胃热、泻肺火之主药，还可润燥滑肠、滋阴生津。

小黄花菜

拉丁学名：*Hemercallis minor* Mill.
英文名：Small Yellow Daylily

◆ **别名**：金针菜、花菜。

◆ **形态特征**：多年生草本。高60～80cm，具短的根状茎和绳索状须根。叶基生，狭条形，长20～60cm，宽0.5～1cm。花葶纤细，长40～60cm，顶端具1～2花，少数为3～4花，具短梗或近无梗苞片近披针形；花冠近漏斗状，淡黄色，芳香，下部花被管长1～3cm，上部裂片6，外轮的3片长矩圆形，内轮的3片矩圆形，开花时反曲。蒴果，椭圆形或矩圆形，长2～3cm。

◆ **地理分布**：中国黑龙江、吉林、辽宁、内蒙古的东部、河北、山西、陕西、甘肃的东部、宁夏等地；国外蒙古国、朝鲜和俄罗斯也有。

◆ **生态学特性**：中生草甸植物，适于温暖、湿润的气候条件，在中等湿度或微湿润的肥沃土壤上生长良好，能耐寒、耐旱，常生长在海拔2 300m以下的山地草原、林缘、丘陵灌木丛草地、草甸、草甸草原和溪流边缘，是杂类草草甸和草甸化草原常见优势植物之一，是贝加尔针茅和线叶菊草原常见的伴生种。以无性繁殖为主，每年4月返青，6—7月开花，8—9月果实成熟。

◆ **饲用价值**：小黄花菜是放牧型饲草，四季均可采食。其幼苗、嫩叶、花蕾含有丰富的蛋白质、糖分和淀粉，尤其是花蕾的营养最为丰富。每100g中含有胡萝卜素0.39mg，核黄素0.118mg，其他各种维生素36mg。为促进家畜肥育的主要优良牧草之一，适口性好，为马、牛、羊和鹿所喜食。

◆ **药用价值**：根可入药，有健胃、利尿和消肿等功能。

渥丹

拉丁学名：***Lilium concolor*** Salisb.
英文名：Morningstar Lily

◆ **别名**：姬百合、红百合、红花矮百合、红花菜。

◆ **形态特征**：鳞茎卵球形，高 2～3.5cm，直径 2～3.5cm；鳞片卵形或卵状披针形，白色，鳞茎上方茎上有根。茎高 30～50cm，少数近基部带紫色，有小乳头状突起。叶散生，条形，脉 3～7 条，两面无毛。花 1～5 朵排成近伞形或总状花序；花直立，星状开展，

深红色，无斑点，有光泽；花被片矩圆状披针形，蜜腺两边具乳头状突起。蒴果矩圆形。花期 6—7 月，果期 8—9 月。

◆ **地理分布**：中国河北、山东、河南、陕西等地。

◆ **生态学特性**：生于草地、山坡及石缝中。自然原生状况下是落叶植物，主要于严寒，短日，缺乏液态水的冬季休眠。夏季短暂休眠后，秋季萌芽形成基生莲座叶丛，越冬后茎伸长开花。夏末时种子成熟。喜凉爽潮湿环境，日光充足的地方、略荫蔽的环境对其更为适合。忌干旱、忌酷暑，其耐寒性稍差些。生长、开花温度为 16～24℃，低于 5℃或高于 30℃生长几乎停止，10℃以上植株才正常生长，超过 25℃时生长又停滞，如果冬季夜间温度低于 5℃持续 5～7d，花芽分化、花蕾发育会受到严重影响，推迟开花甚至盲花、花裂。喜肥沃、腐殖质多深厚土壤，最忌硬黏土；排水良好的微酸性土壤为好，土壤 pH 值为 5.5～6.5。

◆ **饲用价值**：中等饲用植物。

◆ **药用价值**：可入药，有滋补强壮止咳之功效。

山丹

拉丁学名：*Lilium pumilum* DC.
英文名：Low Lily, Coral Lily

◆ **别名**：山丹丹、萨日郎。

◆ **形态特征**：鳞茎卵形或圆锥形，高2.5～4.5cm，直径2～3cm；鳞片矩圆形或长卵形，长2～3.5cm，宽1～1.5cm，白色。茎高15～60cm，有小乳头状突起，有的带紫色条纹。叶散生于茎中部，条形，长3.5～9cm，宽1.5～3mm，中脉下面突出，边缘有乳头状突起。花单生或数朵排成总状花序，鲜红色，通常无斑点，有时有少数斑点，下垂，花被片反卷，长4～4.5cm，宽0.8～1.1cm，蜜腺两边有乳头状突起；花丝长1.2～2.5cm，无毛，花药长椭圆形，长约1cm，黄色，花粉近红色；子房圆柱形，长0.8～1cm；花柱稍长于子房或长1倍多，长1.2～1.6cm，柱头膨大，径5mm，3裂。蒴果矩圆形，长2cm，宽1.2～1.8cm。花期7—8月，果期9—10月。

◆ **地理分布**：中国河北、河南、山西、陕西、宁夏、山东、青海、甘肃、内蒙古、黑龙江、辽宁和吉林等地分布；俄罗斯、朝鲜、蒙古国也有。

◆ **生态学特性**：野生山丹生长在山坡、丘陵、草地、灌木丛中或林间隙地，海拔400～2 600m。多散生。喜土层深厚、疏松、肥沃、湿润、排水良好的沙质壤土或腐殖土。在半阴半阳、微酸性土质的斜坡上及阴坡开阔地生长良好。偏碱性及过于黏重、低洼易积水地、林地过于郁闭的地方生长不良。

◆ **饲用价值**：中等饲用植物。

◆ **药用价值**：性甘苦，凉。鳞茎养阴润肺，清心安神。用于阴虚久咳，痰中带血，虚烦惊悸，失眠多梦，精神恍惚。花主活血。蕊敷疔疮恶肿。

韭

拉丁学名：*Allium tuberosum* Rottler ex Sprengle.
英文名：Onion

◆ **别名**：韭菜、久菜。

◆ **形态特征**：多年生草本。具倾斜的横生根状茎，鳞茎狭圆锥状，簇生，外皮淡黄褐色，网状纤维质。叶基生，狭条形，扁平，长 10～20cm，宽 1.5～7mm，边缘平滑。花葶圆柱状，常具棱，高 25～60cm；总苞 2 裂，比花序短，宿存；花序伞形，花梗长为花被的 2～4 倍；花白色或微带红色，花被片 6，狭卵形至长圆状披针形，长 4.5～7mm；花丝基部合生，长为花被片的 4/5，子房外壁具疣状突起。蒴果倒圆锥状球形，具棱。

◆ **地理分布**：中国北方各地均有分布，在全国各地也广为栽培，草原地区野生种分布尤为普遍。韭原产亚洲东南部，现在世界上已普遍栽培。

◆ **生态学特性**：具根状茎，分根繁殖较易成活，春季的实生苗到夏季就可分株，形成小片群落。地上部再生能力也较强。一般在 5 月中下旬开始发育，7 月下旬至 8 月上旬开花，8 月下旬果熟，降霜后，很快枯萎，叶片脱落，仅存花茎，冬季全部残株不存留。韭对水、土、热的适应范围较广。生境较好时，生长茂盛，再生性较好，刈割后 15～20d 就可再生到 10cm 高，若能追肥和灌水，再生速度更快。

◆ **饲用价值**：家畜均喜食，尤其牛、羊，在春、夏最喜欢采食。适口性强，放牧牲畜在混有韭的草地上，首先采食韭，然后才采食其他牧草。营养价值较高，开花前的营养含量高于花后期的营养，尤其在早春，刚萌发的嫩苗营养价值更高，牲畜最喜食，春、夏季常作为马、牛、羊的抓膘饲草。野韭菜在草原地区与其他杂类草混生，尤其和禾草混生，更能提高牲畜的采食率和肥壮率。建立人工放牧草地混播韭有利牲畜育肥、抓膘。

◆ **药用价值**：性辛、甘、温，入肝、肾经。为温补肝肾、壮阳固精之药。

其他科

- 问荆
- 木贼
- 蕨
- 膜果麻黄
- 草麻黄
- 大果榆
- 葎草
- 桑
- 麻叶荨麻
- 狭叶荨麻
- 萹蓄
- 瓦松
- 钝叶瓦松
- 长蕊地榆
- 野亚麻
- 小果白刺
- 骆驼蓬
- 地锦
- 野西瓜苗
- 野葵
- 多枝柽柳
- 沙枣
- 中国沙棘
- 千屈菜
- 红柴胡
- 黄花补血草
- 二色补血草
- 秦艽
- 鳞叶龙胆

- 达乌里秦艽
- 三花龙胆
- 扁蕾
- 花锚
- 打碗花
- 蒙古莸
- 块根糙苏
- 百里香
- 地笋
- 北水苦荬
- 白兔尾苗
- 车前
- 平车前
- 马齿苋
- 蓬子菜
- 茜草
- 浮萍
- 紫萍
- 龙爪槐
- 槐叶蘋
- 叉子圆柏
- 山杨
- 胡杨
- 钻天杨
- 毛白杨
- 旱柳
- 小红柳
- 白桦

- 榛
- 毛榛
- 榆树
- 繁缕
- 女娄菜
- 麦瓶草
- 莲
- 驴蹄草
- 展枝唐松草
- 腺毛唐松草
- 瓣蕊唐松草
- 牻牛儿苗
- 宿根亚麻
- 霸王
- 铁苋菜
- 鼠掌老鹳草
- 酸枣
- 构
- 柑橘
- 鸦胆子
- 磨盘草
- 山芝麻
- 野胡萝卜
- 芫荽
- 菖蒲
- 鸭跖草

问荆

拉丁学名：*Equisetum arvense* L.
英文名：Bothle-brush, Common Horsetail, Field Horsetail

◈ **别名**：笔头菜、节节草。

◈ **形态特征**：多年生直立草本。根状茎长，于地下匍匐生长，黑色或暗褐色，常具黑褐色小球茎。地上茎为营养茎与孢子茎。孢子茎春季由根状茎上生出，无叶绿素，淡黄褐色，不分枝，孢子囊穗顶生，有长梗，长椭圆形，钝头；孢子叶六角盾形，边缘着生 6～8 个孢子囊。孢子成熟时孢子茎枯萎，由同一根状茎再生出营养茎，直立，高 15～40cm，沿棱具小疣状突起；叶鞘筒长 7～8mm，鞘齿条状披针形，黑褐色；分枝轮生。

◈ **地理分布**：中国黑龙江、吉林、辽宁、河北、山东、内蒙古、山西、河南、湖北、贵州、四川、青海、宁夏和新疆等地；国外日本、朝鲜、蒙古国和俄罗斯也有。

◈ **生态学特性**：在森林带、森林草原带的杂草类草甸群落、沟边、河边、沙质地可以成群生长，局部可成为优势种。在草甸草原各群落中多为伴生种。4 月中下旬由根状茎生长出孢子茎，5 月上中旬孢子成熟散出，之后孢子茎枯萎，由同一根状茎上生长出营养茎，直到 10 月枯萎。无性繁殖能力强，不易防除。

◈ **饲用价值**：饲用部分全部为茎，其茎整个生长季节都很柔软，可利用时间较长。春季放牧，马、牛、羊均喜食，夏季可采收煮熟喂猪，也可刈割干草供冬季利用。

◈ **药用价值**：性苦，凉，归脾、膀胱、肺经。全草可入药，为利尿剂，并能清热止血。

木贼

拉丁学名：*Equisetum hyemale* L.
英文名：Common Scouring Rush, Duch Rushes, Rough Horsetail, Scouring Rush

◈ **别名**：锉草、笔头草、毛管草。

◈ **形态特征**：草本。具匍匐根状茎，棕褐色或黑色，横卧于土壤中。茎坚硬、直立，单一或仅从基部分枝，中空，高50～100cm，粗3～8mm，具肋棱16～20条，沿棱脊具小疣状突起，2列，极粗糙。叶鞘筒贴伏茎上，长7～9mm，基部呈黑褐色圆圈，鞘齿16～20个，条状披针形，先端长渐尖，黑褐色，易脱落。枝端产生笔头状孢子，穗紧密，无柄，6—8月抽出，8—9月成熟，长6～13mm，棕褐色。

◈ **地理分布**：分布广泛，在中国北起黑龙江省小兴安岭、吉林东部长白山区、辽宁摩天岭，南到河北、江苏、浙江、四川，西至陕西、甘肃、新疆等地；国外北美洲西部、日本、朝鲜、土耳其、喜马拉雅山、西伯利亚、乌苏里、堪察加、英国也有。

◈ **生态学特性**：孢子植物。可进行无性繁殖。根茎繁殖迅速，再生力强，往往成片生长，甚至可以形成单优势种的草本群落。适应性强，生态幅广。一般喜湿，多成片生长在河边、沟谷溪边、林内坡地，可以忍耐 −40℃以下的寒冷气候。在长白山区，在针阔混交林下，常形成单优势种的林下草本层。是林区的重要牧草资源。

◈ **饲用价值**：叶退化，可食部分是常绿的茎。茎的蛋白质、脂肪含量较高，接近于燕麦草，而且粗纤维少于燕麦草，从营养成分上看属中上等牧草。

◈ **药用价值**：性甘、苦，平，归肺、肝经。全草可为药用，有散风清热、平肝、明目和利尿的作用。

蕨

拉丁学名：*Pteridium aquilinum* var. *Latiusculum* (Desv.) Underw. ex A. Heller
英文名：Esculent Bracken

◆ **别名**：蕨菜、龙头菜。

◆ **形态特征**：多年生草本。植株高达 1m，根状茎长而横走，具黑褐色茸毛。幼叶未展开时向内卷曲呈拳头状，有长柄，表面有茶褐色茸毛；老叶近革质，卵状三角形或宽卵形，有长柄，二或三回羽状分裂，羽片约 8 对，小羽片约 10 对，互生，三角状披针形或披针形，末回小羽片矩圆形，先端圆钝，全缘，叶脉为羽状分枝或侧脉二叉。孢子囊群条形，沿叶缘边脉着生；囊群盖条形，有变质的叶缘反卷而成的假盖。

◆ **地理分布**：中国各地均有分布，长江以北各地较多；世界温带和暖温带地区均有分布。

◆ **生态学特性**：生长于山区和半山区的林间空地、林缘，尤其喜生于采伐迹地和新开垦地、撂荒地。具有发达的根状茎，侵占性很强，能够迅速占据地下和地面的空间，在土壤疏松的撂荒地上有时可成片生长。东北地区 4 月下旬幼苗出土，5 月中下旬叶片展开。孢子囊 7 月成熟放出孢子，10 月中旬后枯黄。

◆ **饲用价值**：饲用价值不大，放牧时一般家畜不主动采食，偶尔采食。刈割后各种家畜均食。夏季采集全草煮熟、晒干或青贮发酵后喂猪。9—10 月挖出根状茎，除去杂质、泥土，晒干粉碎后，可作为家畜的精饲料。

◆ **药用价值**：性甘、寒，归肝、胆、脾经。清热利湿，安神，益气养阴。用于湿热黄疸，风湿痹痛，湿疹，赤白带下，热淋，小便不利，肝热头昏失眠，高热神昏，五脏虚损，痔疮。

膜果麻黄

拉丁学名：*Ephedra przewalskii* Stapf
英文名：Przewalsk Ephedra

◈ **别名**：普氏麻黄。

◈ **形态特征**：灌木。轴根型根系，具横行根蘖。株高通常 50～80cm，少数能超过 2m；木质茎明显，直立，茎的上部具密生分枝，形成密丛，丛茎达1m。小枝绿色，节间粗长，直径 2～3mm，长 2.5～5cm。叶膜质鞘状，上部通常 3 裂，裂片三角形，先端尖。球花无梗，常数个密集成团状复穗状花序对生或轮生于节上；球花苞片膜质，淡棕黄色，雌球花苞片几乎全部离生，成熟时增大，干燥，无色，半透明。种子通常 3 粒，长卵形，包于膜质苞片内。

◈ **地理分布**：中国内蒙古西北部、甘肃西部、青海北部和新疆等地；国外蒙古国也有。

◈ **生态学特性**：适中温超旱生常绿灌木。砾质戈壁荒漠的典型植物，在亚洲中部荒漠区有广泛分布。分布区气候十分干旱，膜果麻黄植丛多生长在暂时地表径流形成的小冲积沟内，十分稀疏，在 100m^2 内往往只有 1～2 株或少数几株。有时在植丛基部有少量积沙，说明有一定固沙能力。春季 4 月恢复生长，枝条伸长，6 月开花，7 月结实，9 月果实成熟。由于环境极为干旱，生长速度缓慢，年生长量不多。实生苗少见，幼苗需若干年才能长大成株。群落结构十

分简单，稀疏的膜果麻黄单优势种群落分布面积最广，盖度一般在 10% 左右，或更低到 5% 以下。在水分条件较好的地段，株高超过 1m，盖度可达 15%～20%。 主要伴生种随生态条件不同有裸果木或泡泡刺、枇杷柴等。在洪积扇覆沙地段，常与沙拐枣组成群落。

◈ **饲用价值**：从所含营养成分看，属中等牧草，但其适口性很差，除骆驼在冬季少量采食外，其他家畜均不采食。

据尤拉托夫记载，在蒙古被认为是一种有毒植物，进行生物碱定性分析，有明显的阳性反应，也有骆驼中毒的情况发生。虽然饲用价值很低，但对保护极干旱荒漠脆弱生态环境却有良好作用。

◈ **药用价值**：嫩枝可入药。目前群众大量挖掘做薪柴、药材，多为连根砍挖，生态受到严重破坏，应该加强保护，禁止盲目砍挖。

草麻黄

拉丁学名：*Ephedra sinica* Stapf
英文名：Chinese Ephedra

◆ **别名**：华麻黄、麻黄。

◆ **形态特征**：草本状灌木。高20～40cm，木质茎短或呈匍匐状，小枝直伸或微曲，表面细纵槽纹常不明显。叶二裂，鞘占全长1/3～2/3，裂片锐三角形，先端急尖。雄球花多呈复穗状，常具总梗，苞片通常4对，雄蕊7～8，花丝合生，稀先端稍分离；雌球花单生，在幼枝上顶生，在老枝上腋生，常在成熟过程中基部有梗抽出，使雌球花呈侧枝顶生状，卵圆形或矩圆状卵圆形，苞片4对，雌花2，胚珠的珠被管长1mm或稍长，直立或先端微弯，管口隙裂窄长，裂口边缘不整齐，常被少数茸毛。雌球花成熟时肉质红色，矩圆状卵圆形或近于圆球形，长约8mm，径6～7mm；种子通常2粒，包于苞片内，不露出或与苞片等长，黑红色或灰褐色，三角状卵圆形或宽卵圆形，长5～6mm，径2.5～3.5mm，表面具细皱纹，种脐明显，半圆形。花期5—6月，种子8—9月成熟。

◆ **地理分布**：中国东北、华北、西北等地；国外蒙古国也有。

◆ **生态学特性**：生于沙滩、沙丘、荒漠草原。

◆ **饲用价值**：羊、骆驼乐食。幼畜采食时防止中毒。为低等饲用植物。

◆ **药用价值**：性甘，平，入心、肺经。为收敛阴虚、气虚自汗的主药。

大果榆

拉丁学名：*Ulmus macrocarpa* Hance
英文名：Bigfruit Elm

◆ **别名：**臭芜荑、无夷、山榆。山板榆、黄榆。

◆ **形态特征：**落叶乔木或灌木植物。高达20m，树皮暗灰色或灰黑色，叶宽倒卵形、倒卵状圆形、倒卵状菱形或倒卵形，稀椭圆形，厚革质，叶柄长2～10mm，仅上面有毛或下面有疏毛，果核部分位于翅果中部，花果期4—5月。

◆ **地理分布：**中国的东北、华北、西北及河南、安徽等地；国外朝鲜、日本、蒙古国、俄罗斯也有。

◆ **生态学特性：**生于山坡、固定沙丘、荒野谷地。

◆ **饲用价值：**叶和果均为家畜所食用。属良等饲用植物。

◆ **药用价值：**性辛、苦，温，入肝、脾、胃经。为杀虫消积、温脾止泻的药物。

葎草

拉丁学名：*Humulus scandens* (Lour.) Merr.
英文名：Japanese Hop

◆ **别名**：拉拉藤、拉拉秧。

◆ **形态特征**：一年生或多年生缠绕草本。茎枝和叶柄有倒钩刺。叶对生，具长柄。叶片近肾状五角形，掌状深裂，裂片3～7，边缘有粗锯齿，两面均有粗糙刺毛，下面有黄色小腺点。单性花，雌雄异株；雄花序圆锥状，雄花花被片和雄蕊各5，黄绿色；雌花序穗状，通常10余朵花相集而下垂，每2朵花有卵形苞片，有白刺毛和黄色小腺点，花被退化为全缘的膜质片。瘦果淡黄色，扁圆形。

◆ **地理分布**：在中国除新疆和青海外，各地均有分布；国外俄罗斯、朝鲜、日本也有。

◆ **生态学特性**：亚热带地区一般2月下旬至3月上旬出苗（温带为3月下旬至4月上旬），雄株7月中下旬开花，雌株8月上中旬开花，9月中下旬至10月上旬成熟，以后逐渐枯死。种子繁殖。种子依靠风力和鼠类传播，当年种子到翌年春、秋能全部发芽出苗，发芽深度为2～4cm。深层不得发芽出苗的种子，经过一年就丧失发芽能力。分枝能力强，每枝分枝数至10多枝；再生能力也比较强，但每次刈割留茬要在20cm以上，齐地面刈割将大大降低再生能力。适应年均温5.7～22℃、≥10℃积温1 500～7 500℃、年降水量为350～1 400mm地区。适应的土壤pH值4～8.5，耐寒性较强，春季幼苗遇-5℃的低温未见受害。高温加上干旱，叶片下垂萎蔫、枯黄。喜光照，喜生于开阔的向阳地段或生长在稀疏林缘、灌丛林下，但在林冠郁闭度超过30%时茎蔓细弱，生长发育不良。葎草喜肥嗜水。在保证水肥条件下，生长茂盛，贫瘠的石质沙土上生长细弱。

◆ **饲用价值**：含有较丰富的粗蛋白质和无氮浸出物，粗纤维含量低。叶量大，占总重的70%以上，但其茎和叶柄具有倒钩刺，叶面粗糙具硬刺毛，兔、牛、羊偶食其嫩枝叶。幼嫩期刈割，切碎或经蒸煮后是猪、禽的好饲料。

◆ **药用价值**：性甘、苦，寒，归肺、肾、大肠经。清热解毒，利肿消水，软坚散结。用于疟疾、泄泻、痢疾、肺痈、瘰疬、热淋、石淋、水肿、小便不利、湿疹、皮肤瘙痒、瘰疬、疮痈、蛇虫咬伤。

桑

拉丁学名：*Morus alba* L.
英文名：White Mulberry

◆ **别名**：家桑、白桑、桑树。

◆ **形态特征**：落叶小乔木或灌木。高达15m，树皮灰褐色或黄褐色；幼枝有毛。叶卵形或宽卵形，先端尖或钝，基部圆形或近心形，边缘有粗锯齿或不规则分裂，叶面无毛，有光泽，叶背脉上有疏毛，脉腋也有毛，叶柄长1～2.5cm。花单性，雌雄异株，均排列成腋生的穗状花序；雄花花被片4；雌花花被片4，柱头2。聚花果（桑椹），黑紫色或白色。

◆ **地理分布**：原产中国，遍布中国南北各地，栽培品种很多；国外日本、蒙古国、朝鲜及欧洲各国也有。

◆ **生态学特性**：叶芽和花芽几乎同期萌生，展叶与开花几乎同步进行。一般3月下旬以后发芽，4—5月开花，5—7月结实，严霜后叶片干枯并凋落。繁殖力强。再生性强，生长3年以上的植株，每年留茬砍伐，以维持灌木林的外貌，利于采收桑叶，不影响再生。生长旺季，每20～30d可采收再生叶1次，年内可采收5～7次，仍能保持再生力，这一特性是获取大量叶饲料的保证。生态幅较广。

对土壤要求不严格。在沙土到黏土各种类型的土壤上均能生长，适应的土壤pH值为5.6～8，最适宜在土层深厚、排水良好、湿润而肥沃的沙壤土上生长。野生状态下，多喜生于居民点附近、丘陵山地的路边、林缘、疏林中，有时也在杂木疏林中出现。

◆ **饲用价值**：桑叶柔嫩，蚕最喜食，是养蚕的最佳饲料；也是马、牛、羊、驼的好饲料。桑叶无论是鲜叶、干叶和黄叶，粗蛋白质含量高，粗纤维含量较低，叶中蛋氨酸、亮氨酸、甘氨酸、苏氨酸含量较高，含有大量的维生素和微量元素，对提高畜禽饲料的营养价值具有重要的意义。

◆ **药用价值**：性甘，寒，归肺经。泻肺平喘，利水消肿。用于肺热喘咳，水肿胀满，尿少，面目肌肤浮肿。

麻叶荨麻

拉丁学名：*Urtica cannabina* L.
英文名：Hempleaf Nettle

◆ **别名**：焮麻、蝎子草、荨麻。

◆ **形态特征**：多年生草本。植株高达50cm，茎有棱，具螫毛。叶对生，具长柄，叶片掌状，3深裂或3全裂，一回裂片再羽状深裂，两面疏被柔毛，下面疏被螫毛；托叶离生，披针形或宽条形。花单性，雌雄同株或异株，同株者雄花序生于下方；花序长12cm左右，多分枝；雄花径约2mm，花被片4，雄蕊4；雌花花被4深裂，花后增大，柱头呈簇毛状。瘦果卵形，扁，长约2mm，灰褐色，光滑。

◆ **地理分布**：主要分布于温带地区。中国东北、华北各地分布，西北、西南山地多为野生；国外俄罗斯、蒙古国、朝鲜和日本也有。

◆ **生态学特性**：麻叶荨麻在温带地区分布相当广泛，适宜降水幅度为

450～800mm；西北荒漠地区，分布于山地或湿润水溪边，适应的土壤 pH 值 6.5～8，在暗栗钙土、黑土、草甸土、灰化森林土均生长良好。耐寒，不耐干燥和 35℃以上持续高温。在冬季绝对低温 −30℃以下，根部不受冻害，能顺利通过严冬。在云贵高原，冬季气温达到 0℃左右尚能以绿色体越冬。夏季高温、干旱，往往植株停止生长，叶片萎蔫，甚至下部叶片枯萎而凋落。温带地区春季返青较早，3月底至4月中旬即开始萌芽返青。返青后生长逐渐加快，一般于 7—8 月孕蕾开花，8—9 月结实成熟，生育期为 183d 左右。种子繁殖，成熟种子自然脱落，借助风力传播，适宜的土壤和水热条件下常形成优势群落，或与狭叶荨麻及禾本科牧草形成混生群落。再生力较强，耐啃食。不耐畜群践踏，过牧容易造成植株断折，引起草场退化。

◈ 饲用价值：植株高大，茎、叶比 1:4.74，产草、产种量都比较高。开花期前茎脆叶嫩，营养丰富，但由于植物体具有螫毛，茎叶中富含蚁酸、丁酸及有刺激作用的酸性物质，致使畜禽在利用时受到限制，但由于它具备高产、质优的特点，只要利用得当，仍不失为畜禽的优良饲草。据调查，猪、鸡可利用各生育期的麻叶荨麻作饲料；早春返青后，羊、牛很少采食，骆驼十分贪食，常发生过多采食中毒，如不及时治疗，常因"臌胀"而致死；开花期以后，尤其秋冬季马、牛、羊、驼等各种畜禽均喜食。如初秋（花果期）刈割晒制干草或制成草粉，可作为各种家畜越冬度春的饲草或粗饲料。据报道，用带籽荨麻喂鸡，可促使冬季产蛋。喂猪，增重长膘效果良好。

早春，骆驼如因过多采食幼株而发现中毒时，应及时投给碱性药物和止酵药物，如苏打水、硫酸铜溶液之类的口服液，可迅速止酵，再辅以润肠剂，经此处理后一般预后良好。

在麻叶荨麻的整个生育期内，采集鲜嫩茎叶、花序、籽实，经蒸煮或水烫处理，加拌糠麸、精料，可代替其他青粗饲料喂猪、禽；也可将青干草除去粗老茎秆，将茎叶、花序和籽实混合粉碎，用作猪、禽饲料；亦可将草粉与其他饲料配制成混合饲料，其饲喂效果更好。

◈ 药用价值：性辛、苦，温；有小毒。归肝经。祛风湿，活血，止痉，解毒。用于产后抽风，小儿惊风，风湿痹痛，毒蛇咬伤，荨麻疹。

狭叶荨麻

拉丁学名：*Urtica angustifolia* Fisch.ex Hornem.
英文名：Narrowleaf Nettle

◆ **别名**：哈拉海、蝎子草。

◆ **形态特征**：多年生草本。有木质化根状茎，茎高 40～150cm，下部粗达 8mm，四棱形，疏生刺毛和稀疏的细糙毛，分枝或不分枝。叶披针形至披针状条形，稀狭卵形，先端长渐尖或锐尖，基部圆形，稀浅心形，边缘有粗牙齿或锯齿，9～19 枚，齿尖常前倾或稍内弯，叶面粗糙，生细糙伏毛和

具粗而密的缘毛，叶背沿脉疏生细糙毛，基出脉 3 条，其侧生的 1 对近直伸达上部齿尖或与侧脉网结，侧脉 2～3 对；叶柄短，疏生刺毛和糙毛；托叶每节 4 枚，离生，条形。雌雄异株，花序圆锥状，有时分枝短而稍近穗状，序轴纤细；雄花近无梗；花被 4，在近中部合生，裂片卵形，外面上部疏生小刺毛和细糙毛；退化雌蕊碗状；雌花小，近无梗。瘦果卵形或宽卵形，双凸透镜状，近光滑或有不明显的细疣点；宿存花被片 4，在下部合生，外面被稀疏的微糙毛或近无毛，内面 2 枚椭圆状卵形，长稍盖过果，外面 2 枚狭倒卵形，较内面的短约 3 倍，伸达内面花被片的中部，稀中上部。花期 6—8 月，果期 8—9 月。

◆ **地理分布**：中国黑龙江、吉林、辽宁、内蒙古、山东、河北和山西；国外俄罗斯西伯利亚东部、蒙古国、朝鲜、日本也有。

◆ **生态学特性**：生于海拔 800～2 200m 山地河谷溪边或台地潮湿处。狭叶荨麻的耐寒性较强，播种可在早春进行。播种前用清水将种子浸泡 48h，捞出阴干至种子表面无水即可播种，条播或穴播。因其种子细小，要求床面整平，播种要浅，上覆 1cm 细土后稍加镇压即可。条播行距 30cm，穴播株距 30cm。无性繁殖是将野外的幼苗挖回移栽到苗床中，较易成活，但缓苗时间长，也不适宜大面积栽植。

◆ **药用价值**：全草入药，有祛风湿、止惊风、解毒、通便的功效，主治风湿作痛、小儿麻痹后遗症、高血压、消化不良及便秘。外用治毒蛇咬伤和荨麻疹初起。

萹蓄

拉丁学名：*Polygonum aviculare* L.
英文名：Common knotgrass

◆ **别名**：扁竹。

◆ **形态特征**：一年生草本。茎丛生、平卧、斜展或直立。叶片矩圆形或披针形，全缘；托叶鞘膜质，下部褐色，上部白色透明，有不明显脉纹。花1～5朵簇生叶腋，遍布于全株；花被5深裂，裂片椭圆形，绿色，边缘白色或淡红色；雄蕊8；花

柱3。瘦果卵形，有3棱，黑色或褐色，生不明显小点，无光泽。

◆ **地理分布**：分布于中国各地，在新疆常见于南北疆海拔430～2 300m的平原和山地；国外欧、亚、美3洲温带地区也有。

◆ **生态学特性**：中生杂类草。生境多样，一般生长在田野、荒地、路边、水边、沙滩、宅旁、湿草地、平原轻度盐渍化的湿润地带、平原林带和人曾活动过的遗址处。分枝能力强，因而侵占性强。抵抗践踏能力极强，经家畜放牧践踏后，能很快再生。适应性强，早春萌发较早，在新疆天山北坡平原区一般3月底萌发，花期4—6月，花果期6—10月。开花至结实期茎、叶比为1∶1。结实力强，种子落地翌年即可自生。具有较广泛的生态可塑性，常生长于平原绿洲，有时可形成优势种，覆盖度达85%。

◆ **饲用价值**：茎叶柔软，适口性良好，生育期长，各类家畜全年均可食用。青鲜期，羊、猪、鹅、兔最喜食，牛喜食，马、骆驼及其他禽类也乐食。调制成干草，羊、牛、马、骆驼均喜食。把干草加工成粉，配合其他饲料煮熟，适宜喂猪、鹅、鸭、鸡和兔。萹蓄生育期长，耐践踏、再生性强，为理想的放牧型草。

◆ **药用价值**：味苦，微寒，归膀胱经。利尿通淋，杀虫，止痒。用于热淋，小便短赤，淋沥涩痛，皮肤湿疹，阴痒带下。

瓦松

拉丁学名：*Orostachys fimbriata* (Turcz.) A. Berger
英文名：Fimbriate Orostachys

◆ **别名**：流苏瓦松、瓦花、向天草、天王铁塔草。

◆ **形态特征**：二年生肉质草本。全株粉绿色，密被紫红色斑点。第一年生莲座状叶，叶片匙状条形，渐尖，先端有 1 半圆形软骨质的附属物，边缘流苏状，中央具 1 刺尖。翌年抽出花茎，高 10～40cm，茎叶散生，条形至倒披针形，长 2～3cm，宽 3～5mm，先端具刺尖，基生叶早枯。花序顶生，穗状或圆锥状，基部花枝长可达 1cm，呈塔形；花瓣 5，粉红色，干后常呈蓝紫色；雄蕊 10，花药紫色；心皮 5。蓇葖果呈矩圆形。

◆ **地理分布**：中国东北、华北、内蒙古、青海和长江中下游各地；国外蒙古国中东部及俄罗斯（达乌里地区）也有。

◆ **生态学特性**：砾石质旱生植物，广布于典型草原和荒漠草原地带的山地、丘陵砾石质山坡、石砾质丘陵、沙质地、山顶石隙间，有时在石砾质丘顶可形成小面积群落片段。轴根型，主根不发达，常自植株基部发出多条侧根和不定根。分枝的细根较多，雨季生长迅速，大量细根吸收土壤水分，莲座状叶丛的叶片肥厚，9 月下旬即开始枯萎。土壤干旱时，多数细根常枯死，植株处于半休眠状态。翌年返青后约在 6 月中下旬其高度增长迅速，7 月中下旬抽出花茎，8—9 月花序上的花陆续开放，9—10 月结果，完成生命周期。

◆ **饲用价值**：中等饲用植物。营养丰富，是一种灰分—碳氮型牧草，其营养比为 1∶8.8，在内蒙古典型草原区，因其含水量较多，被牧民视为绵羊、山羊秋季放牧的抓膘牧草之一，但干枯后饲用价值不大。

◆ **药用价值**：全草可入药，有止血、活血、敛疮功效。也可用来制造叶蛋白，供食用。味酸、苦、凉；有小毒。归肝、肺经。清热解毒，凉血止血，止痢，敛疮。用于便血，吐血，衄血，黄疸，疟疾，泻痢，痈肿，痔疮，淋浊，疮疡久不收口。

钝叶瓦松

拉丁学名：*Hylotelephium malacophyllum* (Pall.) J. M. H. Shaw
英文名：Obtuseleaf Orostachys

◆ **别名**：石莲华。

◆ **形态特征**：二年生肉质草本。第一年仅生出莲座状叶，叶片矩圆形至卵形，先端钝；翌年抽出花茎，高10～30cm。茎叶互生，接近，无柄，匙状倒卵形、矩圆状披针形或椭圆形，较莲座状叶大，长达7cm，两面有紫红色斑点。花序总状，圆柱形，长5～20cm；花紧密，花瓣5，白色或淡绿色，干后淡黄色；雄蕊10，花药黄色；心皮5，蓇葖果呈卵形。

◆ **地理分布**：中国东北、华北、内蒙古；国外蒙古国、俄罗斯（远东、东西伯利亚）、朝鲜、日本也有。

◆ **生态学特性**：旱生植物，嗜砾石，多生于海拔1 200～1 800m的山地、丘陵向阳的砾石质坡地、平原沙质地。在内蒙古典型草原和草甸草原地区，为常见的伴生种，生于砾石性山坡或沙砾质土壤上。钝叶瓦松属于轴根型植物，主根不发

达，由植株基部生出多条侧根和不定根，固定植株和吸收水分。

◆ **饲用价值**：钝叶瓦松粗蛋白质含量丰富，粗纤维的含量很低，其营养比仅为1∶2.2，属于灰分—氮型放牧利用的中等牧草。在内蒙古锡林郭勒草原区，绵羊、山羊和骆驼采食钝叶瓦松肉质多汁的叶和花枝，采食后的畜群常2～3d饮1次水，被牧民视为良好的抓秋膘牧草。干枯后饲用价值显著降低。

◆ **药用价值**：全草入药，具止血、止痢、敛疮之功效。

长蕊地榆

拉丁学名：*Sanguisorba officinalis*. var. *longifila* (Kitagawa) Yü et Li
英文名：Longstamen Burnet

◆ **别名**：长叶地榆、绵地榆。

◆ **形态特征**：多年生草本。高30～120cm，根粗壮，多呈纺锤形，稀圆柱形，表面棕褐色或紫褐色，有纵皱及横裂纹，横切面黄白或紫红色，较平正。茎直立，有棱，无毛或基部有稀疏腺毛。基生叶为羽状复叶，有小叶4～6对，叶柄无毛或基部有稀疏腺毛；小叶片有短柄，卵形或长圆状卵形，顶端圆钝稀急尖，基部心形至浅心形，边缘有多数粗大圆钝稀急尖的锯齿，两面绿色，无毛；茎生叶较少，小叶片有短柄至几无柄，长圆形至长圆披针形，狭长，基部微心形至圆形，顶端急尖；基生叶托叶膜质，褐色，外面无毛或被稀疏腺毛，茎生叶托叶大，草质，半卵形，外侧边缘有尖锐锯齿。穗状花序椭圆形，圆柱形或卵球形，直立，从花序顶端向下开放，花序梗光滑或偶有稀疏腺毛；苞片膜质，披针形，顶端渐尖至尾尖，比萼片短或近等长，背面及边缘有柔毛；萼片4枚，紫红色，椭圆形至宽卵形，背面被疏柔毛，中央微有纵棱脊，顶端常具短尖头；雄蕊4枚，花丝丝状，不扩大，与萼片近等长或稍短；子房外面无毛或基部微被毛，柱头顶端扩大，盘形，边缘具流苏状乳头。果实包藏在宿存萼筒内，外面有棱。花果期7—10月。

◆ **地理分布**：中国黑龙江、内蒙古。

◆ **生态学特性**：生长于海拔100～1 300m的沟边及草原湿地。

◆ **饲用价值**：家畜喜食其干草。属良等饲用植物。

◆ **药用价值**：根为止血要药，治疗烧伤烫伤也有效。根据产地及形态特征比较，长蕊地榆为中药正品，其余各变种均可作代用品。

野亚麻

拉丁学名：*Linum stelleroides* Planch.
英文名：Wild Flax

◆ **别名**：亚麻、野胡麻繁缕亚麻。

◆ **形态特征**：一年生或二年生草本。高20～90cm，茎直立，圆柱形，基部木质化，不分枝或自中部以上多分枝，无毛。叶互生，线形、线状披针形或狭倒披针形，顶部钝、锐尖或渐尖，基部渐狭，无柄，全缘，两面无毛，6脉3基出。单花或多花组成聚伞花序；花梗长3～15mm，花直径约1cm；萼片5，绿色，长椭圆形或阔卵形，顶部锐尖，基部有不明显的3脉，边缘稍为膜质并有易脱落的黑色头状带柄的腺点，宿存；花瓣5，倒卵形，长达9mm，顶端啮蚀状，基部渐狭，淡红色、淡紫色或蓝紫色；雄蕊5枚，与花柱等长，基部合生，通常有退化雄蕊5枚；子房5室，有5棱；花柱5枚，中下部结合或分离，柱头头状，干后黑褐色。蒴果球形或扁球形，有纵沟5条，室间开裂。种子长圆形。花期6—9月，果期8—10月。

◆ **地理分布**：中国黑龙江、吉林、辽宁、内蒙古、河南、宁夏、甘肃、青海、江苏、广西北部等地；国外俄罗斯（西伯利亚）、日本和朝鲜也有。

◆ **生态学特性**：生于平坦沙地、固定沙丘、干燥山坡及草原上。

◆ **饲用价值**：牛、羊少食其鲜草，属中等饲用植物。

◆ **药用价值**：性甘、平，归肺、大肠经。养血润燥，祛风解毒。用于血虚便秘，皮肤瘙痒，荨麻疹，痈疮肿毒。

小果白刺

拉丁学名：*Nitraria sibirica* Pall.
英文名：Siberian Nitraria

◆ **别名**：西伯利亚白刺、小叶白刺、海枣、地枣、酸胖。

◆ **形态特征**：灌木。高 0.5～1.5m，多分枝，枝铺散，少直立。小枝灰白色，不孕枝先端刺针状。叶近无柄，在嫩枝上 4～6 片簇生，倒披针形，长 6～15mm，宽 2～5mm，先端锐尖或钝，基部渐窄成楔形，无毛或幼时被柔毛。

聚伞花序长 1～3cm，被疏柔毛；萼片 5，绿色，花瓣黄绿色或近白色，矩圆形，长 2～3mm。果椭圆形或近球形，两端钝圆，长 6～8mm，熟时暗红色，果汁暗蓝色，带紫色，味甜而微咸；果核卵形，先端尖，长 4～5mm。花期 5—6 月，果期 7—8 月。

◆ **地理分布**：原产亚洲中部。中国东北、西北、华北、西南及西藏等地分布；国外蒙古国、中亚、西伯利亚、欧洲也有。

◆ **生态学特性**：小果白刺生于沙丘、盐渍化草地，抗旱、耐盐碱、耐寒、抗风沙。

◆ **饲用价值**：幼枝和肉质叶，山羊、绵羊喜食，牛、骆驼采食，果猪喜食。每丛可产鲜草 3～5kg，鲜果 1.5～2.5kg，是干旱地区有价值的饲用植物之一。

◆ **药用价值**：味甘酸而微咸，性温。健脾胃，滋补强壮，调经活血。主治身体瘦弱，气血两亏，脾胃不和，消化不良，月经不调，腰腹疼痛等症。

骆驼蓬

拉丁学名：*Peganum harmala* L.
英文名：Common Peganum

◆ **别名**：大臭蒿（盐池）、大骆驼蓬（中卫）。

◆ **形态特征**：多年生草本。高20～70cm，多分枝，分枝铺地散生，光滑无毛。根肥厚而长，外皮褐色。叶互生，肉质，3～5全裂，裂片条状披针形，长达3cm，托叶条形。花单生，与叶对生，萼片5，披针形，有时顶端分裂，长达2cm；花瓣5，倒卵状矩圆形，长1.5～2cm；雄蕊15，子房3室。蒴果近球形，种子三棱形，黑褐色，有小瘤状突起。

◆ **地理分布**：中国北方各地；国外蒙古国、俄罗斯也有。

◆ **生态学特性**：遍布全新疆，主要分布于准噶尔盆地到天山北坡的低山丘陵山前冲积扇的荒漠草地上，也生长在弃荒地棚圈附近、路旁、盐碱化荒漠上。在植物群落中是常见伴生植物。骆驼蓬是多年生旱生根蘖型草本，是荒漠草地植物。适应于干旱的气候条件。有粗壮而强大的根蘖型根系，可吸收土壤深层水分、养分。叶片细小、肉质，具有贮水、保水能力，因而抗旱能力强，适应砾石质棕钙土和淡栗钙土，也适应于瘠薄和轻度盐渍化的土壤。生活力强，生长速度快，因具有一种不良味道，牲畜一般很少采食，因而发展很快。5月上旬返青，7—8月开花，9—10月种子成熟。

◆ **饲用价值**：在草群中参与度小，草质较粗糙，适口性差。青草只有骆驼采食，干草骆驼仍然喜食，绵羊和山羊有时乐食，牛和马在饥饿状态下采食，可列为低等牧草。

◆ **药用价值**：味酸、甘、平，有毒，归心、肝、肺经。宣肺止咳，祛风除湿，解毒。

地锦

拉丁学名：*Parthenocissus tricuspidata* (Siebold & Zucc.) Planch.
英文名：Humifuse Euphorbia

◆ **别名**：地锦草、血见愁、奶浆草、红丝草。

◆ **形态特征**：小枝圆柱形，几无毛或微被疏柔毛。叶为单叶，通常着生在短枝上为 3 浅裂，长 4.5～17cm，宽 4～16cm。花序着生在短枝上，基部分枝，形成多歧聚伞花序；子房椭球形，花柱明显。果实球形，直径 1～1.5cm，有种子 1～3 颗；种子倒卵圆形，顶端圆形。花期 5—8 月，果期 9—10 月。

◆ **地理分布**：中国吉林、辽宁、河北、河南、山东、安徽、江苏、浙江、福建、台湾；国外朝鲜、日本也有。

◆ **生态学特性**：生长于海拔 150～1 200m 的山坡崖石壁或灌丛。性喜阴湿，耐旱，耐寒，冬季可耐 -20℃低温。对气候、土壤的适应能力很强，在阴湿、肥沃的土壤上生长最佳，对土壤酸碱适应范围较大，但以排水良好的沙质土或壤土为最适宜，生长较快。也耐瘠薄。

◆ **饲用价值**：牛、马、羊采食，中等饲用植物。

◆ **药用价值**：味辛，性平，归肝、大肠经。入肝、胃、膀胱经。清热解毒，凉血止血。用于痢疾，泄泻，咳血，尿血，便血，崩漏，疮疖痈肿。

野西瓜苗

拉丁学名：*Hibiscus trionum* L.
英文名：Flowerofanhour

◈ **别名**：香铃草、和尚头。

◈ **形态特征**：一年生草本。高20～60cm，被白色星状毛。叶近圆形或宽卵形，掌状三全裂，边缘具不规则的羽状缺刻。花单生于叶腋；花萼卵形，膜质，基部合生，淡绿色，有紫色脉纹；副萼通常11～13，条形，边缘具长硬毛，花瓣5，淡黄色，基部紫红色。单体雄蕊，花柱顶端5裂。蒴果圆球形，被长硬毛。花萼宿存。

◈ **地理分布**：中国各地。广布于世界各地。

◈ **生态学特性**：中旱生草本。在温暖湿润的沙壤土和壤土生长旺盛。抗旱，耐寒性强，多生长在沟渠、田边、路旁、居民点附近及荒坡、旷野。根系入土一般为20～50cm。以种子进行繁殖。通常于5月初萌发出苗，7—8月开花，8—9月结实，8月中旬以后种子逐渐成熟，10月地上部分干枯，种子自然散落。在草原区当年生种子一般很少萌发形成实生苗，经过越冬休眠以后到翌年春季萌发生长。

◈ **饲用价值**：中等饲用植物。营养期适口性较好，马、羊乐食，牛采食；秋季适口性下降，马少量采食。制成青干草后，马、羊、牛一般都乐食。冬季枯草马亦采食。

◈ **药用价值**：全草味甘，性寒，归肺、肝、肾经。种子味辛，性平，归肺、肾经。用于风湿痹痛，感冒咳嗽，泄泻，荆疾，水火烫伤，疮毒。

野葵

拉丁学名：*Malva verticillata* L.
英文名：Cluster Mallow

◆ **别名**：冬葵、冬苋菜、棋盘叶。

◆ **形态特征**：越年生草本。高60～90cm，茎直立，有星状长柔毛。叶互生，肾形至圆形，掌状5～7浅裂，直径5～9cm，基部心形，裂片卵状三角形，边缘有不规则锯齿，主脉5～7条，两面被极疏糙状毛或几乎无毛；叶柄长2～8cm，密被白色长柔毛；托叶有星状柔毛；花小，淡红色或淡粉紫色，常簇生叶腋间，花期苞长，花梗长2.5cm，小苞片3，有细毛；萼杯状，齿裂5；花瓣5，倒卵形或三角状倒卵形，顶端凹入；子房10～11室。蒴果扁圆形或扁球形，生于宿萼内，由10～11个心皮组成，成熟时，心皮彼此分离并与中轴脱离。

◆ **地理分布**：中国各地；国外中亚、西伯利亚、日本、蒙古国、欧洲也有。

◆ **生态学特性**：野葵在温带地区一般4月中旬以后出苗，5—6月开花并结实，7月果熟；在亚热带地区，一般3月上旬出苗，4—5月边开花边结实，6月果熟。果熟后地上部分逐渐枯死，秋季再次萌发或出苗，10—11月仍能开花、结实。一般在11月下旬以后才枯死。

野葵的种子繁殖力较强，有休眠期，温带地区经越冬才能发芽，亚热带地区要经越冬和越夏才能发芽。土壤中的种子，其发芽力可保持1～2年。生态幅较广，水热条件适宜在温带、亚热带甚至热带地区均可生长，但它最适宜的是温带气候。喜疏松、湿润而肥沃的碱性土壤。

◆ **饲用价值**：适口性较好，幼嫩植株牛、马、羊均喜采食，煮熟发酵后，猪也喜食，可节约部分精料，兔、鸡、鹅也喜食。

◆ **药用价值**：味甘、涩，凉。清热利尿，消肿。用于热淋，尿闭，水肿，口渴；尿路感染。

多枝柽柳

拉丁学名：*Tamarix ramosissima* Ledeb.
英文名：Branchy Tamarisk

◈ **别名**：红柳。

◈ **形态特征**：灌木或小乔木。通常高 2～3m，多分枝，枝紫红色或红棕色。叶披针形、卵状披针形或三角状披针形，长 0.5～2mm，先端锐尖，略内倾。总状花序生于当年枝上，组成顶生的大型圆锥花序；苞片卵状披针形；花梗短；萼片 5，卵形；花瓣 5，倒卵形，淡红色或紫红色；花盘 5 裂；雄蕊 5；花柱 3，棍棒状。蒴果长圆锥形，3 瓣裂。种子顶端簇生柔毛。

◈ **地理分布**：广泛分布于中国新疆塔里木盆地、准噶尔盆地和吐鲁番盆地、甘肃河西走廊，内蒙古巴丹吉林沙漠、乌兰布和沙漠、库布齐沙漠、腾格里沙漠、毛乌素沙地、乌兰察布高原，宁夏河东沙地及青海柴达木盆地；国外阿富汗、伊朗、土耳其、蒙古国、俄罗斯等也有。

◈ **生态学特性**：3 月中旬至 4 月开始萌发生长，5 月下旬至 7 月开花，6 月下旬开始结果，7 月上旬开始成熟，或花期一直延续到 9 月底至 10 月初。在一个花序上，果熟期不一致，下部果实先熟，顶部则最后成熟，持续时间较长。果熟后种子即行飞散，种子小，难于采集，故若采种，应及早采果，以防籽落。种子长 0.4～0.5mm，每克种子约 6 万粒。根系发达，直根深入土中，接地下水，最深者可达 10 余米。侧根多水平分布，甚广阔，且多细根。根株萌发力强，耐沙埋，沙埋后可于根颈处萌发大量纤细的不定根，枝条亦迅速向上生长。由于这种特性，在沙区往往形成高大的柽柳沙堆，成为独特的景观。也耐风蚀，因风蚀而暴露的根系，可萌发出很多新枝条。极耐沙害，据观察，即使迎风面的树皮被沙石打光，仍能依赖背风面残留的树皮顽强生长。

生长较快，寿命长，在适宜条件下，幼龄期年平均生长高度为 50～80cm，4～5 年高达 2.5～3m，10 年生可达 4～5m，地径 7～8cm。寿命可达百年以上。

多枝柽柳耐旱、耐热，尤其对沙漠地区的干旱和高温有很强的适应力。据测定，当沙地水分降低到 0.5% 时（远低于一般的凋萎湿度），仍能维持生命达 20 余天。在绝对最高气温达 47.6℃，地面高温达 70℃ 的新疆吐鲁番盆地，能正常生长。耐寒性也很好，可耐 -40℃ 的严寒。

多枝柽柳为喜光灌木，不耐荫蔽。喜低湿而微具盐碱的土壤，在土壤含盐量 0.5%～0.7% 的盐渍化土壤上能很好地生长，但在土壤表层 0～40cm 含盐量 2%～3% 的盐土上生长不良。对流沙适应能力差，在高大流沙丘上栽植，生长不良。

多枝柽柳主要生长在干旱地区的湖盆边缘和河流沿岸，成为盐化低地及其沙丘群上的一种建群植物，伴生植物种随生境条件有很大差别。

◆ **饲用价值：** 多枝柽柳在我国干旱地区对养驼业是重要的饲料。在春、夏季节，骆驼乐食其嫩枝，到秋季则不喜食其粗硬的枝条。青鲜时其他家畜不食，秋后山羊和绵羊采食其脱落的细枝，马和牛不食多枝柽柳。

多枝柽柳的嫩枝叶富含无氮浸出物和灰分，粗蛋白质含量中等，而粗纤维含量较低。其蛋白质品质中等，9 种必需氨基酸总量占其干物质的 4%，大体同谷实、玉米中所含者相仿。综合论之，多枝柽柳可评为中等的饲用植物。

◆ **药用价值：** 消痞、去风，解酒毒，利小便，煎汤浴风疹身痒效。具有抗炎、镇痛、保肝、抗氧化及抗菌等作用。

沙枣

拉丁学名：*Elaeagnus angustifolia* L.
英文名：Russian Olive, Oleaster

◆ **别名**：桂香柳、香柳、银柳。

◆ **形态特征**：灌木或乔木。高 3～15m，树皮栗褐色至红褐色，有光泽，树干常弯曲，枝条稠密，具枝刺，嫩枝、叶、花、果均被银白色鳞片及星状毛；叶具柄，披针形，长 4～8cm，先端尖或钝，基部楔形，全缘，叶面银灰绿色，叶背银白色。花小，银白色，芳香，通常 1～3 朵生于小枝叶腋；花萼筒状钟形，顶端通常 4 裂。果实长圆状椭圆形，直径为 1cm 果肉粉质，果皮早期银白色，后期鳞片脱落，呈黄褐色或红褐色。

◆ **地理分布**：主要分布在中国西北各省区和内蒙古西部，华北北部、东北西部也有少量，近年山西、河北、辽宁、黑龙江、山东、河南等地在沙荒地和盐碱地引种栽培；国外地中海沿岸、亚洲西部也有。

◆ **生态学特性**：生活力很强，抗旱，抗风沙，耐盐碱，耐贫瘠。沙枣对热量条件要求较高，耐盐碱能力也较强，但随盐分种类不同而异，对硫酸盐土适应性较强，对氯化物则抗性较弱。

沙枣侧根发达，根幅很大，在疏松的土壤中，能生出很多根瘤，其中的固氮根瘤菌还能提高土壤肥力，改良土壤。侧枝萌发力强，顶芽长势弱。枝条茂密，常形成稠密株丛。枝条被沙埋后，易生长不定根，有防风固沙作用。

◆ **饲用价值**：叶和果是羊的优质饲料，羊四季均喜食。羊食沙枣果实后不仅增膘肥壮，而且能提高母羊发情和公羊配种率，有利于繁殖。在西北冬季风暴天气，沙枣林则是羊群避灾保畜的场所。也可饲喂猪及其他牲畜，对猪育肥增膘、产仔催奶均有良好促进作用。

◆ **药用价值**：性味甘酸涩，性平。强壮，调经活血，续筋骨，镇静，健胃，止泻。

中国沙棘

拉丁学名：*Hippophae rhamnoides* subsp. *sinensis* Rousi.
英文名：Chinese Seabuckthorn

◆ **别名**：醋柳、酸刺、黑刺。

◆ **形态特征**：落叶灌木或乔木。高 1～5m，生于山地沟谷的可达 10m 以上，甚至 18m。老枝灰黑色，顶生或侧生许多粗壮直伸的棘刺，幼枝密被银白色带褐锈色的鳞片，呈绿褐色，有时具白色星状毛。单叶，狭披针形或条形，先端略钝，基部近圆形，叶面绿色，初期被白色盾状毛或柔毛，叶背密被银白色鳞片而呈淡白色，叶柄长 1～1.5mm。雌雄异株。花序生于前年小枝上，雄株的花序轴脱落，雌株花序轴不脱落而变为小枝或棘刺。花开放比展叶早，淡黄色雄花先开，无花梗，花萼二裂，雄蕊 4；雌花后开，单生于叶腋，具短梗，花萼筒囊状，二齿裂。果实为肉质化的花萼筒所包围，圆球形，橙黄或橘红色。种子小，卵形，有时稍压扁，黑色或黑褐色，种皮坚硬，有光泽。

◆ **地理分布**：中国山西、内蒙古、河北、陕西、甘肃、宁夏、青海和四川西部等地；国外俄罗斯、罗马尼亚、蒙古国、芬兰也有。

◆ **生态学特性**：中生至旱中生植物，多分布在海拔 800～3 600m 的森林草原和草原地带，喜生于向阳山脊、谷地、干涸河床或山坡地。适应性较广泛，抗寒，并能一定程度地耐大气高温和干旱，能抗风沙，能忍耐石质、砾石质土壤基质，甚至能在红胶土上生长，能耐土壤贫瘠和轻度盐碱化，但最适宜生长的土壤为强砾石性的黑垆土、山地灰褐土或褐色土。

◆ **饲用价值**：中等饲用植物。生长前期幼嫩枝叶或秋季的落叶羊乐食；春季各种牧草返青前，其他家畜也采食一些幼枝叶，生长季节大部分时间及成熟之后，因枝条具坚硬的刺，家畜一般不采食。成熟的果实马、山羊、绵羊喜食，鹿也爱吃。

◆ **药用价值**：味酸、涩，性温。入肝、胃、大小肠经。为活血散淤、化痰宽胸的药物，还有补脾健胃之功。

千屈菜

拉丁学名：*Lythrum salicaria* L.
英文名：Spiked Loosestrife, Purple Lythrum, Purple Loosestrife

◈ **别名**：水枝柳、水柳、对叶莲。

◈ **形态特征**：多年生草本。根茎横卧于地下，粗壮；茎直立，多分枝，高30～100cm，全株青绿色，略被粗毛或密被茸毛，枝通常具4棱。叶对生或三叶轮生，披针形或阔披针形，长4～6cm，宽8～15mm，顶端钝形或短尖，基部圆形或心形，有时略抱茎，全缘，无柄。

花组成小聚伞花序，簇生，因花梗及总梗极短，花枝全形似一大型穗状花序；苞片阔披针形至三角状卵形，长5～12mm；萼筒长5～8mm，有纵棱12条，稍被粗毛，裂片6，三角形；附属体针状，直立，长1.5～2mm；花瓣6，红紫色或淡紫色，倒披针状长椭圆形，基部楔形，长7～8mm，着生于萼筒上部，有短爪，稍皱缩；雄蕊12，6长6短，伸出萼筒之外；子房2室，花柱长短不一。蒴果扁圆形。

◈ **地理分布**：中国内蒙古、华北、陕西、河南、江苏、云南、四川等地；国外蒙古国、俄罗斯、朝鲜也有。

◈ **生态学特性**：生于河岸、湖畔、溪沟边和潮湿草地。喜强光，耐寒性强，喜水湿，对土壤要求不严，在深厚、富含腐殖质的土壤上生长更好。

◈ **饲用价值**：牛、马、羊采食，属良等饲用植物。

◈ **药用价值**：味甘淡，性平。收敛，止泻。

红柴胡

拉丁学名：*Bupleurum scorzonerifolium* Willd.
英文名：Red Thorowax

◈ **别名**：细叶柴胡、软柴胡。

◈ **形态特征**：多年生草本。高 20～60cm，主根圆锥形，通常红褐色，根颈部密被毛刷状叶鞘残留纤维。茎直立，通常单一。叶片条形或条状披针形，长 4～10cm，宽 3～5mm，先端长渐尖，基部抱茎，边缘常内套。圆锥复伞形花序，伞幅 5～19，不等长，具 8～12 花；小总苞片通常 5，披针形；花瓣黄色。果实近椭圆形，长 2.5mm，宽

约 2mm。在内蒙古东部和中部地区，在 4 月下旬至 5 月初开始返青，7 月初至 9 月初开花结果，9 月中旬至 10 月初结实后地上部分开始干枯。轴根型植物。根呈圆锥形，常有分枝。主根长达 30cm，直伸，上粗下细，外皮黑褐色或浅棕色，质硬而韧。根深大于茎高 2 倍以上，根幅略大于冠幅。

◈ **地理分布**：中国东北、内蒙古、华北、西北及广西等地；国外朝鲜、蒙古国、俄罗斯也有。

◈ **生态学特性**：中旱生或旱生植物。适应性较广泛，能抗寒，耐干旱，耐瘠薄土壤，但喜温暖而湿润的气候条件。生于山坡、丘陵、沙地、低洼地、林缘等砂质壤土或腐殖质壤土上。在我国北部多分布于草原带和山地森林草原带。

◈ **饲用价值**：春、夏两季各种家畜均喜食，在秋季稍干枯时亦为家畜乐食。

◈ **药用价值**：根入药，能解表和里、升阳、疏肝解郁，主治感冒、寒热往来、肝炎、疟疾、胆囊炎等。

黄花补血草

拉丁学名：*Limonium aureum* (L.) Hill.
英文名：Golden Sealavander

◈ **别名**：黄花矶松、金匙叶草、金色补血草。

◈ **形态特征**：多年生草本。根圆柱状，木质，粗壮发达。叶基生，矩圆状匙形至倒披针形，顶端圆钝，具短尖头，基部渐狭成扁平的叶柄。花序轴两至数条，自基部开始多回二叉状分枝，常呈"之"字形弯曲，聚伞花序排列于花序分枝顶端而形成伞房状圆锥花序，花序轴密生小疣点。苞片宽卵形，具狭的膜质边缘；小苞片宽倒卵圆形，具宽的膜质边缘；花萼宽漏斗状，干膜质，萼裂片5，金黄色，三角形，先端具1小芒尖；花瓣橘黄色，干膜质，基部合生，雄蕊5，着生于花瓣基部；花柱5，离生，无毛，柱头丝状圆柱形，子房倒卵形。蒴果倒卵状矩圆形，具5棱，包藏于宿存花萼内。

◈ **地理分布**：中国东北、西北、内蒙古、山西、陕西等地；国外蒙古国、俄罗斯也有。

◈ **生态学特性**：旱生草本。春季萌发较晚，一般5月上中旬返青，6月下旬至7月中旬开花，8月初至9月上旬种子成熟，10月下旬至11月上旬株体枯黄，生长期约170d。

◈ **饲用价值**：中等牧草，在幼嫩状态，牛喜食、羊乐食，其他家畜很少采食；冬季干枯后，为各类放牧家畜所喜食。

◈ **药用价值**：金色补血草可全草入药，具有调经、活血、止疼之功效。

二色补血草

拉丁学名：*Limonium bicolor* (Bunge) Kuntze
英文名：Twocolor Sealavander

◈ **别名**：二色矶松、苍蝇花、二色匙叶草。

◈ **形态特征**：多年生草本。高 20～40cm，根圆锥形，根皮红褐色至黑褐色。基生叶多数，呈莲座状，匙形、倒卵状匙形至矩圆状匙形，长 2～11cm，宽 0.5～2cm，先端圆或钝，基部渐狭为扁平叶柄，全缘。花序轴 1～5个，有棱角或沟槽，自中下部以上作数回分枝，花 2～4 朵集成小穗，由 3～5 个小穗组成有柄或无柄的穗状花序，再由穗状花序在花序分枝顶端或上部组成圆锥状；苞片紫红色；花萼漏斗状，紫红色或粉红色，后变白色，沿脉密被细硬毛；花冠黄色，裂片 5；雄蕊 5；子房倒卵圆形。

◈ **地理分布**：中国东北、黄河流域各地及江苏北部、新疆分布；国外蒙古国、俄罗斯、西伯利亚也有。

◈ **生态学特性**：耐盐多年生旱生植物，广泛分布于草原带的典型草原群落、沙质草原、内陆盐碱土地上，属盐碱土指示植物，也可零星分布于荒漠地区。作为盐生植被中常见伴生种，二色补血草可在中国内陆盐渍土上分布的柽柳灌丛、辽宁、河北、山东、江苏等地的獐毛生草甸及中国北方内陆盐渍土地区一年盐生群落中伴生，这些地区土壤含盐量 1%～3%，质地黏性较重，地下水位 1～2m。在蒙古高原，二色补血草则伴生在呼伦贝尔盟一带波状平原上分布的大针茅草原中，土壤以典型栗钙土、暗栗钙土为主。进入黄土高原则出现在甘肃陇东丘陵阳坡、半阳坡上的小尖隐子草草甸草原群落中，土壤为黑垆土。

◈ **饲用价值**：劣等饲用植物，在生长期一般不为家畜采食，羊有时仅采食其少量花序和叶子。冬季羊仅食其叶子。

◈ **药用价值**：根、叶、花、枝均可入药。味苦、咸，性温。为止血散瘀、温中健脾之药，还有滋养强壮之功。

秦艽

拉丁学名：*Gentiana macrophylla* Pall.
英文名：Largeleaf Gentian

◆ **别名**：大叶龙胆、西秦艽、萝卜艽。

◆ **形态特征**：多年生草本。高20～60cm，主根肥大，长圆锥形，茎直立，圆柱状，基部有纤维状的残存叶柄。基生叶披针形，呈莲座状；茎生叶对生，基部连合，叶片披针形或矩圆状披针形，长10～25cm，宽2～4cm，全缘，聚伞花序，簇生茎顶，呈头状或腋生成轮状；花萼膜质，萼齿小，4～5或缺；花冠筒状钟形，蓝紫色，裂片卵形或椭圆形，褶三角形，嘴齿状，雄蕊5。蒴果矩圆形；种子椭圆形，黄褐色。

◆ **地理分布**：中国陕西、甘肃、青海、新疆、河北、山西、四川等地。

◆ **生态学特性**：秦艽在新疆生长在天山北坡海拔2 000～2 500m的亚高山地带，是疏林草地或亚高山草甸中的常见种。它所分布的草地植物种类很多，优势种有早熟禾、苔草、草原糙苏、草原老鹳草。伴生植物有天山羽衣草、脉叶委陵菜、金莲花、梅花草、准噶尔蓼等，与秦艽共同组成所谓的"五花草甸"，是当地最好的夏季牧场。

秦艽为中生植物，生于湿润的山坡和沟底，喜肥沃的黑土。生活力强，生长速度快。4月下旬返青，花期7—8月，9月枯黄。

◆ **饲用价值**：秦艽在草群中的参与度不大，但叶量多，草群和单株产量高，草质好，开花前各种牲畜可食，绵羊喜食，牛乐食，马不多食。开花后，茎秆很快变粗硬，降低了适口性，牲畜仅采食其叶片。

◆ **药用价值**：味苦、辛，性平。入胃、大肠、肝、胆经，为祛四肢风湿兼内热的主药，还有凉血、清虚热之功。

鳞叶龙胆

拉丁学名：*Gentiana squarrosa* Ledeb.
英文名：Roughleaf Gentian

◆ **别名**：小龙胆、石龙胆、鳞片龙胆。

◆ **形态特征**：一年生矮小草本。高3～10cm，茎细弱，多分枝。叶对生，基生叶较大，卵圆形或倒卵状椭圆形，茎上部叶匙形至倒卵形，先端具芒尖，反卷。花单生于茎顶；花萼钟形，5裂，裂片卵圆形，端有芒刺；花冠钟形，蓝色，长7～9mm，5裂，裂片卵圆形，褶全缘或2裂；雄蕊5，着生于花冠筒中部；子房上位，花柱短。果倒卵形，果梗长。

◆ **地理分布**：中国东北、西北、华北、华中、华东等地；国外蒙古国、西伯利亚、中亚、远东地区也有。

◆ **生态学特性**：中生—旱中生植物。多分布于森林草原、草甸草原、山地草甸及山地草原、典型草原群落中，也见于高寒草甸群落中。分布区的土壤为微酸至酸性土壤。土壤以高山草甸土为主。

在宁夏六盘山，4月下旬返青，5月初现蕾，5月中、下旬开花，花期较长，7月上、中旬种子成熟，8月中旬开始枯黄。在秦岭北坡1 500～2 500m，开花期为5—7月，果期为8—10月。在北京花期为4—7月，果期为7—8月。在东北，花期为4—6月，果期为7—8月。

◆ **饲用价值**：降霜后羊少量采食。由于适口性较差，为劣等饲用植物。生长期间全株有毒。

◆ **药用价值**：味苦，性寒。清热解毒，消肿。

达乌里秦艽

拉丁学名：*Gentiana dahurica* Fisch.
英文名：Dahuria Gentian

◈ **别名**：小秦艽、百步草、九股秦、达乌里龙胆。

◈ **形态特征**：多年生草本。高 10～25cm，全株光滑无毛，基部被枯存的纤维状叶鞘包裹。须根多条，扭结成圆锥形的根。枝多数丛生，斜升，黄绿色或紫红色，近圆形，光滑。莲座丛叶披针形或线状椭圆形，先端渐尖，基部渐狭，边缘粗糙，叶脉 3～5 条，在两面均明显，并在下面突起，叶柄宽，扁平，膜质，包被于枯存的纤维状叶鞘中。茎生叶少数，线状披针形至线形，先端渐尖，基部渐狭，边缘粗糙，

叶脉 1～3 条，在两面均明显，中脉在下面突起，叶柄宽，愈向茎上部叶愈小，柄愈短。

聚伞花序顶生及腋生，排列成疏松的花序；花梗斜伸，黄绿色或紫红色，极不等长，总花梗长至 5.5cm，小花梗长至 3cm；花萼筒膜质，黄绿色或带紫红色，筒形，花冠深蓝色，有时喉部具多数黄色斑点，筒形或漏斗形，裂片卵形或卵状椭圆形，先端钝，全缘，褶整齐，三角形或卵形，先端钝，全缘或边缘啮蚀形；雄蕊着生于冠筒中下部，整齐，花丝线状钻形，花药矩圆形，子房无柄，披针形或线形，先端渐尖，花柱线形，连柱头长 2～4mm，柱头 2 裂。蒴果内藏，无柄，狭椭圆形，种子淡褐色，有光泽，矩圆形，表面有细网纹。花果期 7—9 月。

◈ **地理分布**：中国四川北部及西北部、西北、华北、东北等地；国外俄罗斯、蒙古国也有。

◈ **生态学特性**：生于海拔 800～4 500m 的草原、山地草甸、灌木丛、山坡林下或草丛中，喜凉爽、湿润气候，耐寒。

◈ **饲用价值**：各种家畜四季均采食，为中等饲用植物。

◈ **药用价值**：味苦辛，性平。散风祛湿，舒筋镇痛，除虚热。

三花龙胆

拉丁学名：*Gentiana trifora* Pall.
英文名：Threeflower Gentian

◆ **形态特征**：多年生草本。根茎平卧或直立，具多数须根。花枝单生，直立，下部黄绿色，上部紫红色。茎下部叶膜质，淡紫红色，鳞片形；中上部叶近革质，无柄，花多数，稀3朵；无花梗；每朵花下具2个苞片，苞片披针形，与花萼近等长；花萼外面紫红色，萼筒钟形。蒴果内藏，宽椭圆形，两端钝，柄长至1cm；种子褐色，有光泽，线形，表面具增粗的网脉，两端有翅。花果期8—9月。

◆ **地理分布**：中国东北、华北等地；国外俄罗斯、朝鲜、日本也有。

◆ **生态学特性**：生于草地、湿草地、林下，海拔640～950m。

◆ **饲用价值**：秋、冬家畜采食，为低等饲用植物。

◆ **药用价值**：有清热，泻火的功效。

扁蕾

拉丁学名: *Gentianopsis barbata* (Froel.) Ma
英文名: Barbed Gentianopsis

◆ **别名**: 剪割龙胆。

◆ **形态特征**: 一年生或二年生草本。高 8～40cm, 茎单生, 直立, 近圆柱形, 下部单一, 上部有分枝, 条棱明显, 有时带紫色。基生叶多对, 常早落, 匙形或线状倒披针形, 先端圆形, 边缘具乳突, 基部渐狭成柄, 中脉在下面明显, 叶柄长至 0.6cm; 茎生叶 3～10 对, 无柄, 狭披针形至线形, 先端渐尖, 边缘具乳突, 基部钝, 分离, 中脉在下面明显。花单生茎或分枝顶端; 花梗直立, 近圆柱形, 有明显的条棱, 果时更长; 花萼筒状, 稍扁, 略短于花冠, 或与花冠筒等长, 裂片 2 对, 不等长, 异形, 具白色膜质边缘, 外对线状披针形; 花冠筒状漏斗形, 筒部黄白色, 檐部蓝色或淡蓝色, 裂片椭圆形, 先端圆形, 有小尖头, 边缘有小齿, 下部两侧有短的细条裂齿; 腺体近球形, 下垂; 花丝线形, 花药黄色, 狭长圆形; 子房具柄, 狭椭圆形, 花柱短, 蒴果具短柄, 与花冠等长; 种子褐色, 矩圆形, 表面有密的指状突起。花果期 7—9 月。

◆ **地理分布**: 中国西南、西北、华北、东北等地区及湖北西部(根据记载)。

◆ **生态学特性**: 生于水沟边、山坡草地、林下、灌丛中、沙丘边缘, 海拔 700～4 400m。

◆ **饲用价值**: 夏季牛、羊采食, 为中等饲用植物。

◆ **药用价值**: 味苦, 性寒、钝、糙、轻、燥。清热解毒, 利胆, 消肿退黄, 治伤。

花锚

拉丁学名：*Halenia corniculata* (L.) Cornaz
英文名：Corniculate Spurgentian

◆ **形态特征**：一年生草本。高可达70cm，茎近菱形，基生叶倒卵形或椭圆形，先端圆或钝尖，茎生叶椭圆状披针形或卵形，先端渐尖，基部宽楔形或近圆形，叶片上面幼时常密生乳突，后脱落，叶脉在下面沿脉疏生短硬毛，聚伞花序顶生和腋生；花萼裂片狭三角状披针形，先端渐尖，两边及脉粗糙，花冠黄色，钟形，裂片卵形或椭圆形，雄蕊内藏，花药近圆形，子房纺锤形，蒴果卵圆形、淡褐色，种子褐色，椭圆形或近圆形，7—9月开花结果。

◆ **地理分布**：中国东北、华北及陕西、四川、云南等地；国外蒙古国、俄罗斯也有。

◆ **生态学特性**：主要生长于中性或偏碱性的土壤环境中，土壤为壤土或灌丛草甸土，有机质含量较高。

◆ **饲用价值**：牛、马、羊均采食，为中等饲用植物。

◆ **药用价值**：味甘苦，性寒。清热解毒，凉血止血。

打碗花

拉丁学名：*Calystegia hederacea* Wall.
英文名：Ivy-like Calystegia

◆ **别名**：小旋花、兔儿草。

◆ **形态特征**：一年生草本。茎蔓生，缠绕或匍匐。叶互生，具长柄，基部的叶全缘，近椭圆形，长 1.5～4.5cm，宽 2～3cm，先端钝尖，基部心形；茎上部的叶三角状戟形，侧裂片开展，通常二裂，中裂片披针形或卵状三角形，顶部钝尖，基部心形。花单生于叶腋，花梗具棱角，长 2.5～5.5cm；苞片 2 卵圆形，包住花萼，宿存；萼片 5，矩圆形，稍短于苞片；花冠漏斗状，粉红色，长 2～2.5cm；雄蕊 5，子房 2 室。蒴果卵圆形，光滑；种子卵圆形，黑褐色。

◆ **地理分布**：广布种，分布于中国南北各地；非洲和亚洲其他地区也有。

◆ **生态学特性**：喜潮湿肥沃的微酸性及中性土壤，喜光，在向阳的开旷地上相互缠绕，能长成多枝的大株丛，也侵入农田中缠绕在玉米的茎上，难以清除。属根蘖性植物，其根横走或斜行在 50cm 左右的土壤中。夏秋间产生新的冬眠芽。在河北北部，5 月上旬返青，7—8 月开花，8—9 月成熟。再生力强，刈割后，在残茬和根段都能重新发芽成活。

◆ **饲用价值**：茎叶青鲜时猪最喜食，羊、兔可食，牛、马不食。饲喂猪时，青饲、打浆或煮熟、发酵都可。打碗花根有毒，含生物碱，故不应采集带根的植株饲喂。

◆ **药用价值**：味甘淡，性平。调经活血，祛风湿，续筋骨，利尿。全草健胃。

蒙古莸

拉丁学名：*Caryopteris mongholica* Bunge
英文名：Mongolian Bluebeard

◆ **别名**：白蒿、山狼毒。

◆ **形态特征**：小灌木。高15～40cm，老枝灰褐色幼枝常紫褐色。单叶对生，条状披针形或条形，长1.5～6cm，宽3～10mm，全缘，上面深绿色，下面灰白色，两面均被短茸毛。聚伞花序顶生或腋生，花萼钟状，顶端分裂；花冠蓝紫色，先端5裂，其中1裂片较大，顶端撕裂；雄蕊4，2强，伸出花冠筒外。果实蒴果状，球形，熟时裂为4个带翅的小坚果。

◆ **地理分布**：中国内蒙古、山西、陕西、甘肃、青海等地分布，国外蒙古国也有。

◆ **生态学特性**：短轴根型旱生植物。根颈埋于土中，枝条在适宜的水分和温度条件下可发出不定根。侧根粗壮，水平伸展。主根入土10cm左右即开始分枝，以适应砾石质土壤生境，常入土达100cm。经过休眠期的枝条，多在5月中旬前后萌发出新叶，7—8月进入盛花期，8月下旬至9月上旬果实陆续成熟，随着气温的降低开始落叶，植株进入休眠期。在典型草原带的石质山地、石砾质坡地为较常见的伴生成分，也带入荒漠草原带和荒漠带的东部边缘，生长在沙地、干河床底部和山坡石缝间。

◆ **饲用价值**：山羊、绵羊仅采食其花，马在冬、春季少量采食其一年生枝条，多被评价为低等饲用植物。蒙古莸是一种碳氮型牧草，其营养比为1∶9.4。

◆ **药用价值**：味甘，性寒。调中，祛湿，行气，利水。花、枝、叶可作蒙药，有祛寒、燥湿、健胃、壮身、止咳之效。

块根糙苏

拉丁学名：*Phlomoides tuberosa* (L.) Maench
英文名：Truberous-root Jerusalemsage

◈ **别名**：野山药、鲁各木日。

◈ **形态特征**：多年生草本。高40～110cm。根木质，粗壮，呈块状增粗。茎直立。基生叶具长柄，卵状三角形茎生叶具短柄。轮伞花序3～10朵花，花冠紫红色。小坚果顶端被柔毛。

◈ **地理分布**：中国的新疆、内蒙古、黑龙江等地分布；国外中欧各国、俄罗斯、蒙古国、巴尔干半岛至伊朗也有。

◈ **生态学特性**：中生杂类草。生于山地草甸、山地草甸草原，是其群落的建群种或重要伴生种。见于1 600～2 500m的中山和亚高山开阔谷地、半阳坡。草层高度30～140cm，总盖度70%～95%，鲜草产量7 500kg/hm^2。有的可达9 000kg/hm^2。

◈ **饲用价值**：适口性好，叶片、植株各类家畜均采食。良等饲用植物。

◈ **药用价值**：味涩，性平。清热消肿。

百里香

拉丁学名：*Thymus mogolicus* Ronn.
英文名：Thyme

◆ **别名**：地椒、地姜、千里香。

◆ **形态特征**：小半灌木。高 2～10cm，茎多分枝，匍匐或斜升。叶对生，椭圆形，长 4～10mm，先端钝尖，基部楔形，全缘，下面有腺点，具短柄。轮伞花序紧密，排列成头状，花萼狭钟形；唇形花冠，紫红色或粉红色。小坚果近圆形，光滑，暗褐色。小坚果近圆形或卵圆形，压扁状，光滑。花期 7—8 月。

◆ **地理分布**：中国陕西、甘肃、青海、山西、河北、宁夏、内蒙古等地；国外蒙古国、俄罗斯、朝鲜也有。

◆ **生态学特性**：喜温暖，喜光和干燥的环境，对土壤的要求不高，但在排水良好的石灰质土壤中生长良好。疏松且排水良好的土地，向阳处。生于多石山地、斜坡、山谷、山沟、路旁及杂草丛中，海拔 1 100～3 600m。

◆ **饲用价值**：百里香为中等牧草。在幼嫩阶段，为各类小畜和马所乐食；从孕蕾至枯黄，各类家畜均不食；秋季开始枯黄后，又为各类小家畜所喜食，马、牛和骆驼不食。百里香的营养价值较高，其粗蛋白质含量与一般豆科牧草相当，优于禾本科牧草；粗脂肪含量远高于一般豆科牧草和禾本科牧草，与许多含粗脂肪较高的菊科牧草相当。

◆ **药用价值**：味辛，性温，有小毒。止咳化痰，健胃祛风，消炎止痛，活血止血，防腐杀虫。

地笋

拉丁学名：*Lycopus lucidus* Turcz.
英文名：Shiny Bugleweed

◈ **别名**：提娄、地参苗、地笋子。

◈ **形态特征**：多年生草本。根茎横走，具节，节上密生须根。叶具极短柄或近无柄，长圆状披针形，两面或上面具光泽，亮绿色，两面均无毛。轮伞花序无梗，轮廓圆球形，小苞片卵圆形至披针形，位于外方者超过花萼。花萼钟形，两面无毛，外面具腺点。花冠白色，花丝丝状，无毛，花药卵圆形，2室，花柱伸出花冠。小坚果倒卵圆状四边形，褐色，边缘加厚，背面平，腹面具棱，有腺点。花期6—9月，果期8—11月。

◈ **地理分布**：中国黑龙江、吉林、辽宁、内蒙古、河北、山东、山西、陕西、甘肃、浙江、江苏、江西、安徽、福建、台湾、湖北、湖南、广东、广西、贵州、四川及云南等地；国外俄罗斯、日本也有。

◈ **生态学特性**：喜温暖湿润气候。6—7月高温多雨季节生长旺盛。耐寒，不怕水涝，喜肥，在土壤肥沃地区生长茂盛，以选向阳、土层深厚、富含腐殖质的壤土或沙壤土栽培为宜；不宜在干燥、贫瘠和无灌溉条件下栽培。

◈ **饲用价值**：牛、羊、猪均食。

◈ **药用价值**：味甘、辛，温。具有降血脂、通九窍、利关节、养气血等功能。可活血化瘀，行水消肿，用于月经不调、经闭、痛经、产后瘀血腹痛、水肿等症。

北水苦荬

拉丁学名：*Veronica anagallis-aquatica* Linnaeus
英文名：Watery Speedwell

◆ **别名**：仙桃草、水菠菜、水苦荬。

◆ **形态特征**：多年生（稀为一年生）草本。通常全体无毛，极少在花序轴、花梗、花萼和蒴果上有几根腺毛。根茎斜走。茎直立或基部倾斜，不分枝或分枝，高10～100cm。叶无柄，上部的半抱茎。花序比叶长，多花；花梗与苞片近等长。蒴果近圆形，长宽近相等。花期4—9月。

◆ **地理分布**：广泛分布于亚洲温带地区及欧洲地区；在中国分布于长江以北及西南各地。常见于水边及沼地，在中国西南可达海拔4 000m的地方。

◆ **生态学特性**：喜阴植物，忌烈日直射。湿度是影响北水苦荬生长的一个重要外部因素，北水苦荬的栽培成活和生长都需要湿润的环境。北水苦荬对土壤水分很敏感，因此，在干旱季节，要经常淋水保持畦面湿润，以促进北水苦荬的生长；当出现连续阴雨天，空气、土壤潮湿的情况下，就需要做好排水，以保证其正常生长。

◆ **饲用价值**：茎叶猪喜食，牛、羊乐食，属中等饲用植物。

◆ **药用价值**：全草入药，具有清热利湿、止血化瘀等功效。用于感冒、咽喉痛、劳伤咳血、痢疾、血淋、月经不调、疝气、疔疮、跌打损伤。果实（或带虫瘿的果实）用于腰痛，肾虚、小便涩痛、跌打损伤、劳伤吐血。

白兔尾苗

拉丁学名：*Veronica incanum* (Linnaeus) Holub
英文名：Wooly Speedwell

◆ **别名**：白婆婆纳、白兔儿尾苗。

◆ **形态特征**：一年生草本。高 15～40cm，全株密被白色绵毛，呈白色，仅叶上面较稀而呈灰绿色。茎数枝丛生，直立或上升，不分枝。叶对生，上部的有时互生；上部叶近无柄，下部叶具长达 2cm 的叶柄；叶片下部的为长圆形至椭圆形，上部的常为宽条形，长 1.5～5cm，宽 0.3～1.5cm，先端钝至急尖，基部楔形渐狭，全缘或具圆钝齿。花萼长约 2mm；花冠蓝色、蓝紫色或白色，长 5～7mm，筒长 1.5～2mm；裂片常反折，圆形、卵圆形至卵形；雄蕊 2，略伸出；子房及花柱下部被多细胞腺毛。蒴果长略超过宿萼。被毛。种子多数。花期 6—8 月。

◆ **地理分布**：中国东北、华北各地。

◆ **生态学特性**：生于草原及沙丘。

◆ **饲用价值**：羊乐食，属中等饲用植物。

◆ **药用价值**：味苦，性凉。消肿止血。主治痈疖红肿。

车前

拉丁学名：*Plantago asiatica* L.
英文名：Asiatic Plantain

◆ **别名**：车轱辘菜。

◆ **形态特征**：多年生草本。高20～60cm，具须根。叶基生，具叶柄，斜升或平铺，宽卵形或卵形，长4～12cm，宽4～7cm，先端钝圆，基部圆形至宽楔形，边缘近全缘，波状有疏齿或缺刻，其弧形脉5～7条。花葶数个，穗状花序顶生，花多数，密集，绿白色或微带紫色。蒴果椭圆形，长约3mm，内含种子5～8粒，成熟时盖裂；种子长圆形，长2～15mm，黑棕色。花期6—7月，果期7—8月。

◆ **地理分布**：遍布于中国各地；国外俄罗斯、朝鲜、日本、马来西亚、爪哇、尼泊尔、不丹、锡金也有。

◆ **生态学特性**：车前草适应性强，耐寒，耐旱，对土壤要求不严，在温暖、潮湿、向阳、沙质沃土上能生长良好，20～24℃茎叶能正常生长，气温超过32℃则会出现生长缓慢，逐渐枯萎直至整株死亡，土壤以微酸性的沙质冲积壤土较好。车前出苗早，枯死晚，再生性、抗逆性强，其利用期从5月下旬到9月下旬，长达4个月。

◆ **饲用价值**：车前从出苗到花期，叶质肥厚，细嫩多汁，为各种家畜所采食，尤其猪喜食。

适用于放牧猪，或者拔取全株，洗净泥土，经切碎生喂或发酵喂饲。秋季割青叶，晒成干草，供冬、春制粉喂。青割喂兔或鸡亦可。

◆ **药用价值**：车前全草入药，性能、功用主治与车前子基本相同，但车前草还有清热解毒及止血作用，可用于各种出血、尿血等。

平车前

拉丁学名：*Plantago depressa* Willd.
英文名：Depressed Plantain

◆ **别名**：车轮菜、车轱辘菜、车串串。

◆ **形态特征**：一年生或二年生草本。直根圆柱状，基生叶，直立或平铺于地面上，椭圆形、椭圆状披针形或卵状披针形，先端锐尖或稍钝，基部下延成柄，边缘有不规则的疏齿，两面被柔毛或无毛，弧形脉5～7条。花葶直立或弧曲，高5～20cm，穗状花序长4～18cm，中上部花较密生，下部花较疏；苞片三角状卵形；萼4裂，白色，膜质；花冠淡绿色，顶部4裂；雄蕊4，超出花冠。蒴果圆锥

状，成熟时盖裂，含种子4～5枚，矩圆形，长1.5mm，黑棕色。平车前的生育期较长，在河北省3月下旬出苗或返青，4月上旬开花，5—9月果实成熟，11月下旬枯萎。在内蒙古和西北的东部地区4月上中旬出苗或返青，6—10月开花结果，11月上中旬枯黄。环境条件良好时可于翌年返青而越年生长。

◆ **地理分布**：遍布中国各地；国外俄罗斯、蒙古国、日本、印度也有。

◆ **生态学特性**：中生、旱中生植物，喜湿润生境，常见于低地草甸群落，也见于林缘、路旁草地和草原带的干草原和草甸草原，能适应于除强酸性、重盐碱性和干旱地区强石灰性土壤以外的各种土壤。主根直伸，但入土较浅，约8cm，侧根纤细，根幅较小。

◆ **饲用价值**：中等饲用植物。马、牛、羊、骆驼乐食，幼期喜食，猪、兔也于幼嫩期喜食，晒干后都爱吃。

◆ **药用价值**：味甘、淡，寒，入肝、肾、小肠经。为利小肠及膀胱水之主药，也能渗湿止泻，清肝明目。

马齿苋

拉丁学名：*Portulaca oleracea* L.
英文名：Purslane

◈ **别名**：瓜子菜、蚂蚱菜。

◈ **形态特征**：一年生肉质草本。高 10～25cm，全株平滑无毛。茎匍匐，淡绿色或带赭红色。叶对生，倒卵形，长 1～3cm，宽 0.5～1.5cm，先端钝圆，有时微凹。花单生或 3～5 朵簇生，苞片 4～5，膜质；萼片 2；花瓣 5，黄色；雄蕊 8～12；子房半下位，柱头 4～6 裂。蒴果圆锥形，盖裂；种子多数，肾状卵形，直径不及 1mm，黑色。花期 5—8 月，果期 6—9 月。

◈ **地理分布**：中国南北方各地均有分布；广布于全世界热带和温带地区。

◈ **生态学特性**：田间常见杂草。生态幅广，生活力强，耐旱，在干燥、贫瘠的土壤上能生长，生于平原的田角、地边、路旁，或海拔 1 300m 的山地；在湿润肥沃的菜园和农地生长尤为旺盛，茎粗、叶大、多汁，株型庞大，产量高。因满布作物下层，成为与作物争水、争肥难以根除的有害杂草。茎匍匐状或向上斜升，着生于作物下层，具有耐阴的特性，但在光照充足的作物隙间或菜地边缘，生长尤为繁茂。对温度变化不敏感，只要气温在 10℃ 以上，不论温带或热带，山区或平原，酸性土壤或碱性土壤都能生长和定居。

◈ **饲用价值**：茎叶肥厚多汁，粗纤维多，养分丰富，是一种优等饲料。全株幼嫩、微带酸味，适口性好。是猪的良好饲料，生喂、熟喂、青贮、晒干或发酵均喜食。

◈ **药用价值**：味酸，寒，归肝、大肠经。全株供药用，有清热解毒功效。

蓬子菜

拉丁学名：*Galium verum* L.
英文名：Yellow Bedstraw

◆ **别名**：松叶草。

◆ **形态特征**：多年生草本。地下茎横走，暗紫红色。茎近直立，高25～45cm，具4纵棱，多数茎丛生。叶6～8轮生，条形或狭条形，先端锐尖，边缘反卷，无柄，干枯后常变黑色。聚伞花序顶生和腋生，通常在茎顶集结成圆锥状，稍紧密；花小、黄色。果片双生，近球形，无毛。

◆ **地理分布**：中国东北、华北、内蒙古、西北及长江流域各地；国外亚洲温带其他地区、欧洲和北美洲也有。

◆ **生态学特性**：蓬子菜多在4月下旬至5月上旬萌发，6月下旬至7月上旬进入开花期，花期可延至25～30d，8月初可见到首批花所结的果实，果期可延至9月上旬，9月中下旬植株自下而上枯萎，进入休眠期。

为中旱生—旱中生植物，是草甸草原、典型草原、杂类草草甸、山地林缘及灌丛中常见的伴生种，在草甸草原杂类草层片中有时可成为优势成分之一。生于低湿地、石隙、沙质地与丘陵坡地。

蓬子菜为轴根型植物，主根黑褐色，侧根较多，纤细而坚硬。侧根的分布和发育程度与土壤水分状况极为密切，当土壤水分充足时，表土层中侧根数量多且近水平分布，根系集中于40cm以上的土层中。地上高度与根系入土深度之比是1:6，株幅与根幅比为1:2，蓬子菜是一种对水分要求较强但也耐干旱的植物。

◆ **饲用价值**：青鲜时骆驼喜食，牛、马乐食，干枯后采食一般；小家畜在其青鲜时采食带花的茎秆，干枯后少食。割制的青干草，各种家畜均喜食，冬季植株的残留性虽好，但牲畜不喜食。因此，常把蓬子菜评价为低等饲用植物。蓬子菜在开花期的粗蛋白质与粗脂肪的含量均较高，粗灰分中钙的含量也显著超过大多数禾本科牧草。

◆ **药用价值**：味苦甘，性平。全草可入药，有活血去瘀、解毒止痒、利尿、通经的功效。

茜草

拉丁学名：*Rubia cordifolia* L.
英文名：Indian Madder

◆ **别名**：拉拉秧。

◆ **形态特征**：多年生草质藤本。根圆柱形，剥去外皮呈橙红色。小枝有明显的四棱角，棱上有倒生小刺，叶4～6片轮生，三角状卵形或狭卵形，长2～6cm，宽1～4cm，先端渐尖，基部心形，基出脉5条，叶面有糙毛，叶背脉上及叶柄有倒刺。聚伞花序排列成圆锥花序状，顶生和腋生。花小，黄白色，子房无毛。果实肉质，球形，直径4～5mm，成熟后为黑色，花果期9—10月。

◆ **地理分布**：中国东北、华北、西南至东部大部分地区；国外澳大利亚、俄罗斯、蒙古国也有。

◆ **生态学特性**：茜草在亚热带地区一般在3月上中旬返青，随着气温的上升而加速生长。茎蔓借助其倒钩刺在灌木或高草上攀缘伸长。一般于7—9月开花，9—10月结实，11月中旬以后，地上部分枯死，生育期达240d左右。可以用种子繁殖，亦可用老藤蔓扦插繁殖。茎蔓比较脆弱，易折断，但再生性比较强，生长期内刈割3～4次不会造成退化。茜草喜生于温暖、湿润地区的山坡、林缘、灌木丛中和平原地区的路旁、沟边、田埂等闲荒地上。生态适应性比较强，适宜土壤pH值4～8.5、降水量400～1 700mm。既茜草能耐−30℃的低温，又能在35℃以上的持续高温下正常生活，而且对土壤干旱亦有一定的抗性，并具有一定的耐荫蔽性。土壤以肥沃、湿润、深厚、疏松、富含腐殖质的壤土为好。

◆ **饲用价值**：茜草虽然藤、叶脆嫩多汁，但其茎蔓、叶柄、叶背面叶脉上，遍生倒钩刺，且叶面上亦有糙毛，因此，在自然情况下，畜、禽不愿采食。牛和绵羊偶尔采食幼嫩的枝端，兔喜食。茜草茎蔓极易折断，其倒钩刺易挂钩于动物体上，故不宜放牧利用，但刈割切碎蒸煮后，可饲喂猪、禽。花果期的茜草萼能量和可消化粗蛋白质含量不高，仅能达到中等牧草的营养价值。

◆ **药用价值**：味苦，性寒，入肝经。为凉血止血、行血祛瘀之药。

浮萍

拉丁学名：*Lemna minor* L.
英文名：Common Duckweed

◆ **别名**：稀脉浮萍、青萍。

◆ **形态特征**：浮水小草本。根1条，长3～4cm，纤细，根端钝圆。叶状体对称，倒卵形、椭圆形或近圆形，长1.5～6mm，两面平滑，绿色，不透明，具不明显的3脉纹。花单性，雌雄同株，生于叶状体边缘开裂处，佛焰苞囊状，内有雌花1朵，雄花2朵；雄花花药2室，花丝纤细；雌花具1雌蕊，子房1室，胚珠单生。果实圆形近陀螺状，无翅或具窄翅。种子1粒，具12～15条凸起的脉纹。

◆ **地理分布**：中国南北各地均有分布，几乎遍及全世界温暖地区。

◆ **生态学特性**：浮萍生于池沼、坑塘、湖泊等静水水域。浮萍在暖温带受水温影响较大，最适温为18～29℃。初夏（5—6月）和秋季（8月中旬至9月下旬），为生长适温期，出现两次生长高峰；7—8月高温期和5月前、10月后低温期，都对浮萍生长不利。30℃以上高温进入半休眠越夏期，同时病虫害增多；10月中旬至翌年3月下旬，为种子休眠越冬期。

◆ **饲用价值**：浮萍是鱼及各种家禽和猪的好饲料。浮萍喂草鱼，不但适口性好、易消化，而且鲜嫩、不变质，对预防草鱼赤皮、烂鳃和肠炎等病都有益处。

◆ **药用价值**：味辛，性寒。发汗，利尿，解毒消肿。

紫萍

拉丁学名：*Spirodela polyrhiza* (L.) Schleid.
英文名：Common Ducksmeat

◆ **别名**：紫背浮萍。

◆ **形态特征**：细小草本。漂浮于水面，根5～11条束生，纤细状，长1.5～3.5cm，白绿色，在根的着生处一侧生新芽，新芽与母体分离之前由一细弱的柄相连结。

叶状体阔倒卵形，扁平，长5～8mm，宽4～6mm，表面绿色，掌状脉5～11条，背面紫色，一般1个或2～5个叶状体簇生。花单性，雌雄同株，生于叶状体边缘的缺刻内，佛焰苞袋状，内有1雌花和2雄花，雄花花药2室，花丝纤细；雌花子房1室，具2直立胚珠，花柱短。果实圆形，边缘有翅。

◆ **地理分布**：中国南北各地均有，南北两半球热带及温带地区广布。

◆ **生态学特性**：生于水田、水塘、湖湾、水沟，常与浮萍形成覆盖水面的漂浮植物群落。

◆ **饲用价值**：在温带，紫萍是一种生长期较长、产量高、品质好的优质水生饲料。鱼、猪喜食，也是鸡、鸭、鹅良好的饲用植物。

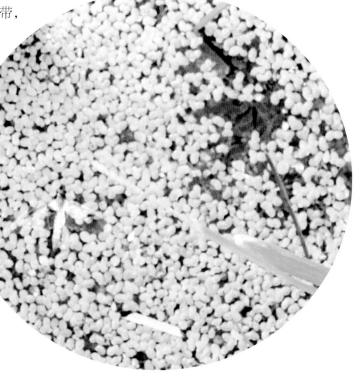

◆ **药用价值**：味辛，性寒，入肺经。为发汗解表，行水消肿之药。临床多作透发斑疹之品。

龙爪槐

拉丁学名：*Styphnolobium japonica* 'pendula'
英文名：Pendent Japanese Pagodatree

◆ **别名**：垂槐、盘槐。

◆ **形态特征**：龙爪槐是槐的栽培品种，枝和小枝均下垂，并向不同方向弯曲盘旋，形似龙爪。羽状复叶长达25cm；叶轴初被疏柔毛，旋即脱净；叶柄基部膨大，包裹着芽；托叶形状多变，呈卵形、线形或钻状，早落；小叶4～7对，对生或近互生，纸质，卵状披针形或卵状长圆形，先端渐尖，基部宽楔形或近圆形，稍偏斜，下面灰白色，初被疏短柔毛，旋变无毛；小托叶2枚，钻状。圆锥花序顶生，常呈金字塔形，长达30cm；花梗比花萼短；小苞片2枚，形似小托叶；花萼浅钟状，长约4mm，萼齿5个，近等大，圆形或钝三角形，被灰白色短柔毛，萼管近无毛；花冠白色或淡黄色，旗瓣近圆形，长和宽约11mm，具短柄，有紫色脉纹，先端微缺，基部浅心形，翼瓣卵状长圆形，先端圆，基部斜截形，无皱褶，龙骨瓣阔卵状长圆形，与翼瓣等长，宽达6mm；雄蕊近分离，宿存；子房近无毛。荚果串珠状，种子间缢缩不明显，种子排列较紧密，具肉质果皮，成熟后不开裂，具种子1～6粒；种子卵球形，淡黄绿色，干后黑褐色。花期7—8月，果期8—10月。

◆ **地理分布**：原产中国，现南北各地广泛栽培，华北和黄土高原地区尤为多见，抚顺、铁岭、沈阳及其以南地区有引种栽植，广州以北各地均有栽培，而以江南一带较多，河北、北京、山东、江苏沭阳随处可见。

◆ **生态学特性**：喜光，稍耐阴。能适应干冷气候。喜生于土层深厚，湿润肥沃、排水良好的沙质壤土。深根性，根系发达，抗风力强，萌芽力亦强，寿命长，对二氧化硫、氟化氢、氯气等有毒气体及烟尘有一定抗性。

◆ **饲用价值**：山羊喜食，其他家畜乐食，属良等饲用植物。

◆ **药用价值**：花和荚果入药，有清凉收敛、止血降压作用；叶和根皮有清热解毒作用，可治疗疮毒。

槐叶蘋

拉丁学名：*Salvinia natans* (L.) All.
英文名：Natant Salvinia, Water Spangles

◈ 别名：蜈蚣漂。

◈ 形态特征：漂浮植物。茎横走，长3～10cm，有毛，无根。叶3片轮生，均有柄，2片漂浮水面，1片沉水；浮水叶在茎的两侧紧密排列，形如槐叶，叶片矩圆形或长卵形，圆钝头，基部圆形或略心形，全缘，上面绿色，下

面灰褐色，中脉明显，侧脉15～20对，每条脉上有6～8束刚毛；沉水叶，细裂如丝，在水中形成假根，密被有节的粗毛。孢子囊果4～8枚，聚生于沉水叶的基部，有大小之分，大孢子囊果小，生数对卵形有短柄的大孢子囊，囊内各含大孢子1个；小孢子囊果略大，内生多数（可达百多个）球形，具长柄的小孢子囊，各含64个小孢子。

◈ 地理分布：广布于中国长江以南及华北、东北各地，四川更为普遍；国外越南、印度、日本和欧洲也有。

◈ 生态学特性：喜疏阴，喜温暖，怕寒冷，在22～32℃的温度范围内生长良好，低于10℃时植株会停止生长，越冬温度不宜低于5℃；当温度超过35℃以上时，对植株的生长会产生抑制作用。

◈ 饲用价值：是鱼和各种家禽及猪的好饲料，茎叶柔嫩，含粗纤维少，可以直接饲喂，也可切碎或打浆混以糠麸喂猪、禽；多为生喂，也可发酵后饲喂。

◈ 药用价值：味淡性寒。清热解毒，活血止痛。用于痈肿疔毒，瘀血肿痛；外用治水火烫伤。

叉子圆柏

拉丁学名：*Juniperhs Sabina* L.

◆ **别名**：沙地柏、臭柏。

◆ **形态特征**：匍匐灌木。枝斜向伸展，鲜枝叶揉之有臭味，一年生枝柱形，刺叶长 3～7mm，交互对生或 3 叶轮生，先端刺尖，叶面凹，叶背拱圆，中部有矩圆状腺体；鳞叶长 1～2mm，交互对生，先端钝或锐尖，背面中部有椭圆形或卵形腺体。雌雄异株，稀同株；雄球花椭圆形或矩圆形，长 2～3mm，雄蕊 4～7 对；雌球花曲垂或先期直立而后俯垂。球果生于向下弯曲的小枝顶端，熟时褐色或紫蓝色或黑色，三角状球形，长 5～8mm，径 5～9mm，有种子 2～3 粒，种子常为卵圆形，微扁，有纵脊与树脂槽。

◆ **地理分布**：中国内蒙古、陕西北部、新疆（天山至阿尔泰山）、青海东北部、甘肃等地；国外蒙古国、中亚和欧洲南部也有。

◆ **生态学特性**：耐旱性强。一般分布在固定和半固定沙地上，经驯化后，在沙盖黄土丘陵地及水肥条件较好的土壤上生长良好。生长势旺，修剪后，能产生多发性侧枝，形成斜生丛状树形，在短期内形成整齐无缺的绿篱极有价值。根系发达，细根极多，10～60cm 的土层内形成纵横交错的根系网，萌芽力和萌蘖力强。能忍受风蚀沙埋，长期适应干旱的沙漠环境，是干旱、半干旱地区防风固沙和水土保持的优良树种。喜光，喜凉爽干燥的气候，耐寒、耐旱、耐瘠薄，对土壤要求不严，不耐涝。适应性强，生长较快，扦插易活，栽培管理简单。

◆ **饲用价值**：枝条柔软，着叶丰富，枝叶含有芳香油类，具较强烈的松柏气味，各类家畜均不采食，仅在生长季节初期为山羊所采食。富含粗脂肪和无氮浸出物，蛋白质含量偏低，粗纤维较少，所含必需氨基酸数量也较低。

◆ **药用价值**：味甘，性凉。清热，发汗，利尿，祛风湿。

山杨

拉丁学名：*Populus davidiana* Dode
英文名：David Poplar

◆ **别名**：响杨、白杨、大叶杨。

◆ **形态特征**：乔木或小乔木。树冠圆形或卵圆形；树皮灰绿色，老时下部色暗而粗糙。叶柄扁平，细弱；叶通常三角状圆形或圆形，长宽近相等先端圆钝或锐尖，基部宽楔形或圆形，边缘有波状钝齿。雄花序长5～9cm，苞片深裂，有疏柔毛，雄蕊6～11，雌花序长4～7cm，花柱极短，柱头2，二深裂。蒴果椭圆状纺锤形，二瓣裂。种子很小，倒卵形或卵形，淡褐色，具长毛。

◆ **地理分布**：中国东北、内蒙古、华北、西北及西南等地；国外朝鲜、日本、俄罗斯也有。

◆ **生态学特性**：多生于山坡、山脊和沟谷地带，常形成小面积纯林或与其他树种形成混交林。为强阳性树种，耐寒冷，耐干旱、瘠薄土壤，在微酸性至中性土壤皆可生长，适于山腹以下排水良好肥沃土壤。天然更新能力强，在东北及华北常于老林破坏后，与桦木类混生或成纯林，形成天然次生林。

◆ **饲用价值**：鲜叶及风干叶为马、牛及鹿所采食。嫩枝叶含较多粗蛋白质、粗脂肪和无氮浸出物，粗纤维相对较少。幼嫩期味苦涩，初喂时猪不喜食，经调制和驯饲后猪喜食。饲料来源主要是应用生长末期或结合林地采伐和抚育收集嫩枝叶。山杨鲜、干叶是鹿的优良饲料。秋季晒干，供冬季饲喂。干叶也可喂羊，或粉碎喂猪。

◆ **药用价值**：树皮、根皮、叶、枝均可入药。

胡杨

拉丁学名：*Populus euphratica* Oliv.

英文名：Diversifolious Poplar, Euphrasia Poplar

◆ **别名**：异叶杨、胡桐。

◆ **形态特征**：乔木。树高 10～21m，胸径 30～400cm，树冠近圆形。树皮灰黄色，纵裂。枝条稀疏，小枝灰色或淡灰褐色。叶互生，灰绿色，叶形变化较大，长枝或幼年树上的叶条形、条状披针形、披针形或菱形，长 5～12cm，全缘或中部以上边缘有疏锯齿；成年树枝上的叶宽卵形、扁圆形、扇形或肾形，长 2～5cm，全缘或上部有疏大缺刻，基部宽楔形或平截；叶柄长，略扁；雄花序长 1.5～2.5cm，每花具雄蕊 23～27；雌花序长 6～10m。蒴果长椭圆形，长 10～15mm，疏被柔毛，2～3 瓣裂。

◆ **地理分布**：在中国以新疆塔里木河谷最为集中，沿河岸形成走廊状的河岸林带，继续向东，经罗布泊、哈顺戈壁、甘肃河西走廊到内蒙古额济纳河谷，在准噶尔盆地、伊犁谷地、柴达木盆地以及内蒙古的乌兰布和沙漠、阿拉善沙漠和乌兰察布盟西北部也有小片的胡杨林分布；国外蒙古国、巴基斯坦、伊朗、

阿富汗、叙利亚、伊拉克、埃及和俄罗斯也有。

◆ **生态学特性**：生长在荒漠区内陆河流两岸、扇缘地带。适宜生长在海拔800～1 100m 的地带，常和柽柳形成混交林。对热量要求较高，一般要求大于 10℃年积温 2 000～4 000℃，在 4 000℃以上生长旺盛。对温度的变化适应能力很强，在极端最高温 40～45℃到极端最低温 –40℃均能适应。耐旱性强，主要依靠浅水或河流泛滥水维持生命。在年降水量不足 100mm 或终年无雨的沙漠内部河岸仍能茂盛生长。胡杨是典型的潜水旱中生植物，具有明显的旱生植物特征，叶片细长，硬而厚，栅状组织和机械组织发达，角质层增厚，叶面有蜡质物覆盖，海绵组织在上、下表皮等，还有较高的根压和渗透压，在严重干旱时脱枝落叶，可减少蒸腾，节约用水。

胡杨根系发达，苗期主根长度为地上部的 18 倍，成株根蘖可水平伸展到 10～20m，并可由蘖芽形成幼株，构成特殊的块状幼林，自然形成复层林相。不怕沙埋，被沙埋后，在主干上生出大量不定芽，形成新的根系。

在新疆，3 月底萌发，4 月中下旬开花，雌雄异株，7 月下旬至 8 月中旬种子成熟。同一林中不同植株，甚至同一株树上种子成熟期也不一致，早期还有假熟现象，采种时应注意。种子很小，自然落地的种子，条件适宜，3d 可发芽，长成幼苗，冬季地上部冻死，翌年根系仍萌发成株。种子易丧失发芽能力。胡杨的生长发育与自然条件密切相关，在水分、土壤条件较好的环境中，能形成百年高大乔木；在干旱、瘠薄的土壤中则发育成短命灌木丛。胡杨耐盐性强，能生长在 pH 值 8～9 的条件下。耐盐能力，随着树龄的增长而增强。成树在含盐为 1%～2% 土壤中，也能正常生活。

◆ **饲用价值**：荒漠地区重要的木本饲用植物，其落叶是家畜冬春季节的重要饲料，嫩枝、叶骆驼喜食，干叶骆驼和山羊采食，马、牛不食。胡杨林下具有丰富的枯枝落叶层，是良好的天然青贮饲料，可供利用的干枝、树叶约每公顷 41.25kg，是荒漠区较好的冬春牧场。枝叶繁茂，营养价值较高，其可食枝叶富含无氮浸出物，纤维含量较低，蛋白质含量中等，灰分含量高，其中富钙乏磷，与禾谷类饲料相近，低于小麦麸。

◆ **药用价值**：味苦，寒，归胃经。

钻天杨

拉丁学名：*Populus nigra* var. *italica* (Moench) Koehne
英文名：Lombardy Poplar

◆ **别名**：美杨、美国白杨。

◆ **形态特征**：乔木。高可达 30m，树皮暗灰褐色，树冠圆柱形。小枝圆，光滑，黄褐色或淡黄褐色，芽长卵形，长枝叶扁三角形，通常宽大于长，短枝叶菱状三角形或菱状卵圆形，蒴果先端尖，果柄细长。4 月开花，5 月结果。

◆ **地理分布**：中国各地均有栽培。

◆ **生态学特性**：喜光，抗寒，抗旱，耐干旱气候，稍耐盐碱及水湿，但在低洼常积水处生长不良。

◆ **饲用价值**：叶牛、羊喜食，属良等饲用植物。

◆ **药用价值**：味苦，性寒。凉血解毒；祛风除湿。主治感冒、肝炎、痢疾、风湿疼痛、脚气肿、烧烫伤、疥癣秃疮。

毛白杨

拉丁学名：*Populus tomentosa* Carrière
英文名：Chinese Whire Poplar

◈ **形态特征**：乔木。高达 30m，树皮幼时暗灰色，壮时灰绿色，渐变为灰白色，老时基部黑灰色，纵裂，粗糙，干直或微弯，皮孔菱形散生，或 2～4 连生；树冠圆锥形至卵圆形或圆形。侧枝开展，雄株斜上，老树枝下垂；小枝（嫩枝）初被灰毡毛，后光滑。芽卵形，花芽卵圆形或近球形，微被毡毛。长枝叶阔卵形或三角状卵形，长 10～15cm，宽 8～13cm，先端短渐尖，基部心形或平截，边缘深齿牙缘或波状齿牙缘，叶面暗绿色，光滑，叶背密生毡毛，后渐脱落；叶柄上部侧扁，长 3～7cm，顶端通常

有腺点；短枝叶通常较小，长 7～11cm，宽 6.5～10.5cm，卵形或三角状卵形，先端渐尖，上面暗绿色有金属光泽，叶面光滑，具深波状齿牙缘；叶柄稍短于叶片，侧扁，先端无腺点。子房长椭圆形，柱头二裂，粉红色。果序长达 14cm；蒴果圆锥形或长卵形，二瓣裂。花期 3 月，果期 4—5 月。

◈ **地理分布**：分布广泛，在中国辽宁（南部）、河北、山东、山西、陕西、甘肃、河南、安徽、江苏、浙江等地均有分布，以黄河流域中下游为中心分布区。

◈ **生态学特性**：喜生于海拔 1 500m 以下的温和平原地区。深根性，耐旱力较强，黏土、壤土、沙壤土或低湿轻度盐碱土均能生长。在水肥条件充足的地方生长最快，20 年生即可成材，是中国速生树种之一。

◈ **饲用价值**：叶牛、羊喜食，属良等饲用植物。

◈ **药用价值**：树皮或嫩枝入药，味苦、甘，性寒，入肺经。清热利湿，止咳化痰。主治肝炎，痢疾，淋浊，咳嗽痰喘。

旱柳

拉丁学名：*Salix matsudana* Koidz.
英文名：Hankow Willow

◈ **别名**：柳树、河柳、江柳。

◈ **形态特征**：乔木。高15～20m，树冠圆形；树皮灰黑色，沟裂；枝条细长，黄绿色，后变褐色，无毛。叶披针形，长5～10cm，宽1～1.5cm，先端长渐尖，基部圆形或近圆形，边缘具明显的锯齿，叶面绿色，无毛，叶背带灰白色，初稍有毛，后即脱落；叶柄长2～8mm，初有疏柔毛；托叶披针形，边缘有具腺的锯齿，早落。雄花序短圆柱形，长1～2cm，花序轴有毛，苞卵形，黄绿色，雄蕊2，腺体2，花丝基部有长柔毛；雌花序长约1.5cm，花序轴被柔毛，苞片长卵形，子房长椭圆形，无花柱或极短柱头二裂，腺体2，蒴果二瓣裂。

◈ **地理分布**：中国东北、华北、西北、华中、华东及西南等地。

◈ **生态学特性**：根系发达，深根性，侧根庞大扩展，3年生旱柳根幅达10余米，可有效吸收土壤水分。适应性较强，耐水湿，也较耐干旱和瘠薄。当树干被洪水浸淹时，被淹部位能萌发出不定根悬浮于水中，辅助或代替原有根系机能，维持生长。

旱柳是阳性树种，喜光，不耐荫蔽，要求阳光与水分、养分条件较高。所以，旱柳不能形成密林疏生为好，过密易分化或形成"小老树"。较耐寒，以休眠芽越冬。在年平均温度2℃、绝对最低温度−39℃，无冻害，仍能安全越冬。

喜湿润。在河流两岸滩地及低湿地的旱柳比在梁地上的生长快，在水分条件好的生境能成林、成材。水分不足的生境，生长不良，往往形成"小老树"，特别是在干旱的山梁地和沙丘上造林，成活率低，成活的植株也易干梢死亡。在湿润的立地条件下造林，成活率高，生长快。适宜生长在通气良好的沙壤土上，在黏土地或长期积水的低湿地容易烂根，引起枯梢而逐渐死亡。

在风沙区，旱柳喜沙埋，沙埋后长出大量不定根，增强对水分、养分的吸收，故在流动沙丘前方丘间低地生长的旱柳，沙埋后长势格外好。但当沙丘不断前移、旱柳已被置于迎风面时，它即受到风蚀，随着根系不断被暴露，长势逐渐衰弱。

繁殖以插条育苗为主，也可用种子繁殖。造林主要用插干（高干和低干）和插条，有时也用植苗。在河岸、渠边、河漫滩地、丘间低地、"四旁"，或地下水位在1.5～3m的冲积平原、缓坡地，水分条件好的沙地均可造林。在干旱沙丘、山梁、排水不良的黏土地、未经改良的盐碱地以及草根稠密盘结的草甸或沼泽地均不宜造林。

◆ **饲用价值**：嫩枝叶的适口性与北沙柳相似，但因系高大乔木，家畜不便采食。在北方9月下旬至10月用特制的长柄利铲将较细的枝条修削下来，扎捆风干，以备冬春补饲之用。风干的嫩枝叶是牛、羊和骆驼的优良补充饲料，群众尤喜用风干柳叶饲喂羊羔，认为柳叶可促进羔羊生长。生长良好的旱柳，枝叶产量很高。据在内蒙古乌审旗调查，生长17～20年生的旱柳林，每公顷330株可产风干枝叶饲料3 600kg。旱柳粗蛋白质含量较高，品质较好，含有丰富的各种必需氨基酸。为良等的饲用植物。

◆ **药用价值**：味微苦，性寒。祛风除湿，消肿止痛，消瘰疬。

小红柳

拉丁学名：*Salix microstachya* var. *bordensis* (Nakai) C. F. Fang
英文名：Borden Littlespike Willow

◈ **形态特征**：灌木。高1～2m，小枝细长，常弯曲或下垂，红色或红褐色，幼时被绢毛，后渐脱落。叶条形或条状披针形，长1.5～4.5cm，宽2～5mm，先端渐尖，基部楔形，边缘全缘或有不明显的疏齿，幼时两面密被绢毛，后渐脱落；叶柄长1～3mm。花序与叶同时开放，细圆柱形，长

1～2cm，径3～4mm；苞片淡褐色或黄绿色，倒卵形或卵状椭圆形；腺体1，腹生；雄蕊2，花丝完全合生，花丝无毛，花红色；子房卵状圆锥形，无毛，花柱明显，柱头二裂。蒴果长3～4mm，无毛。

◈ **地理分布**：中国内蒙古、辽宁、宁夏、甘肃、青海、新疆等地；国外俄罗斯、蒙古国也有。

◈ **生态学特性**：喜水湿，抗风沙，耐一定盐碱，耐严寒和酷热。

◈ **饲用价值**：品质中等的宽叶饲草。饲草产量，年均产干柳叶1 800～3 600kg/hm^2，树叶、枝梢是牛、羊和骆驼的良好饲草，尤以冬季对各种家畜适口性都很好。

◈ **药用价值**：小红柳根为小红柳的根和须状根，其性凉味苦，主治清热泻火、顺气、风火牙痛、腰痛。

白桦

拉丁学名：*Betula platyphylla* Suk.
英文名：White Birch

◆ **别名**：粉桦、桦树、桦木。

◆ **形态特征**：落叶乔木。高 10～25m，树干直立，树皮白色。平滑，有横线形皮孔，呈纸片状剥落。叶互生，三角状卵形或近菱状卵形，长 3～7cm，宽 2.5～5.5cm，先端渐尖，基部宽楔形或楔形，边缘有不规则重锯齿，两面散生腺点。花单性，雌雄同株，荑黄花序。果序圆柱形；果苞长 3～7mm，中裂片三角形，侧裂片平展或下垂；小坚果椭圆形，膜质翅与果等宽或较果稍宽。

◆ **地理分布**：中国东北、华北、西北、西南及西藏等地；国外俄罗斯、蒙古国、朝鲜北部及日本也有。

◆ **生态学特性**：喜光，不耐阴，耐严寒。对土壤适应性强，喜酸性土，沼泽地、干燥阳坡及湿润阴坡都能生长。深根性，耐瘠薄，常与红松、落叶松、山杨、蒙古栎混生或成纯林。天然更新良好，生长较快，萌芽强，寿命较短。

◆ **饲用价值**：叶量丰富。据吉林省调查，每公顷天然林地可收 500kg 干叶粉。

◆ **药用价值**：味苦，寒，归肺、大肠经。清热解毒，止咳利尿。用于痢疾，咳嗽气喘，热淋尿赤，疮痈肿毒。

榛

拉丁学名：*Corylus heterophylla* Fisch. ex Trautv.
英文名：Siberian Hazelnut

◆ **别名**：榛子、平榛、榛材。

◆ **形态特征**：落叶灌木。常丛生，多分枝，高达2m，稀为小乔木。树皮灰褐色，小枝红褐色，密生褐色茸毛，具白色皮孔。叶互生，托叶小，早落，叶圆卵形或倒卵形，先端近平截，有凹缺，边缘有不规则重锯齿，沿脉具柔毛，叶柄长1～2cm，密被柔毛或腺毛。雌雄同株，圆柱形，雄蕊8；雌花无梗，着生雄花序下方，1～6个簇生枝端，花柱丝状，鲜红色外露。坚果单生或2～6个簇

生，近球形，直径达1.5cm，上部露出，总苞宿存钟形，外被腺毛及短柔毛，上部浅裂。幼苗的子叶不出土，苗在果皮内，发芽后即可抽茎，3～4年开始结果。花期4—5月，果期9月。

◆ **地理分布**：中国黑龙江、吉林、辽宁、内蒙古、河北、山东、山西、河南、陕西、宁夏等地；国外蒙古国东部、朝鲜、日本也有。

◆ **生态学特性**：喜光中生植物。常成片生长于向阳山坡、丘陵、排水良好的中性或微酸性含丰富腐殖质、土层较厚的山地棕色森林土，在石灰质土、轻盐碱土和低湿地上也能生长。耐干旱和瘠薄土壤，在干燥、多石的沟谷、石地也常见。种子繁殖，也可分枝繁殖。萌芽能力强，能耐-45℃低温，具有较强的抗火性，当年枝可达1.5m。

◆ **饲用价值**：榛叶饲用，生长季节是鹿的牧养植物，并可贮存作为冬季饲料，夏季叶可做柞蚕的饲料。榛叶含有较高的粗蛋白质，高达12.9%，中等饲用植物。早春的蜜源植物。

◆ **药用价值**：味甘，性平，归脾、胃、肝经。调中开胃，益肝明目。用于病后体虚，食少乏力，眼目昏花，不耐久视，多眵。

毛榛

拉丁学名：*Corylus mandshurica* Maxim.
英文名：Manchurian Hazelnut

◆ **别名**：满榛、角榛、火榛子。

◆ **形态特征**：灌木。高2～4m，丛生，多分枝。树皮灰褐色或暗灰色，龟裂。幼枝黄褐色，密被长柔毛。叶宽卵形或矩圆状倒卵形，长3～11cm，宽2～9cm，先端具5～11骤尖的裂片，中央的裂片常呈短尾状，基部心形，边缘具不规则的重锯齿，叶面深绿色，叶背

淡绿色，幼时两面疏被柔毛，侧脉5～7对；叶柄稍细长。雌雄同株。雄葇黄花序2～4枚生于叶腋，下垂，无花被，雄蕊4～8；雌花序头状，2～4枚生于枝顶或叶腋。坚果单生或2～6枚簇生，常2～3枚发育为果实；果苞管状，在果上部收缩，外被黄色刚毛及白色短柔毛，先端有不规则的裂片。坚果近球形，长约12mm。

◆ **地理分布**：中国东北、华北、内蒙古、山东、陕西、甘肃、宁夏、青海、四川等地；国外朝鲜、日本也有。

◆ **生态学特性**：耐阳性灌木。常见于温带、夏温带的山地森林带，生于白桦、山杨、蒙古栎、辽东栎等夏绿阔叶林中或林缘，也经常与榛同时存在。较耐阴，多散生于林中和近林的林缘，或分布于山地阴坡，偶尔也在森林破坏后的阴山坡形成小面积的单优势群落。4月返青，4—5月先叶开花，8—9月果实成熟。

◆ **饲用价值**：秋霜后至冬季羊采食，嫩叶晒干后可做牛、羊等草食家畜与猪的饲料。青绿枝叶家畜一般不吃。夏季采收叶子可做柞蚕饲料。4—5月开花时，也是蜂的蜜源。

◆ **药用价值**：同榛。

榆树

拉丁学名：*Ulmus pumila* L.
英文名：Siberian Elm

◆ **别名**：白榆、家榆、榆。

◆ **形态特征**：落叶乔木。高 15～20m，干旱、贫瘠时呈灌木状。树皮暗灰色，粗糙纵裂；枝灰褐色，微被毛或无毛。叶互生，椭圆形、椭圆状卵形或椭圆状披针形，先端锐尖或渐尖，基部近圆形或宽楔形，边缘具整齐的单锯齿，稀有重锯齿，叶背腋脉有柔毛；叶柄长 2～10mm。花先叶开放，多数成簇状聚伞花序，着生于去年枝条的叶腋；花被 4～5 裂，雄蕊 4～5，花药紫色；子房扁，花柱 2，翅果近圆形或宽倒卵形，长 1～1.5cm，无毛，有凹缺，种子位于翅果中部或近上部。

◆ **地理分布**：中国黑龙江、吉林、辽宁、河北、山东、山西、内蒙古、陕西、宁夏、甘肃、新疆等地分布，西藏、四川北部、长江下游各地也有栽培。国外朝鲜、俄罗斯、蒙古国也有。

◆ **生态学特性**：常见于森林草原、干草原及荒漠带，在居民区周围也有零星散生。垂直分布一般在海拔 1 000m 以下，在新疆天山可达海拔 1 500m，在陕西秦岭可达海拔 2 400m。生态幅度广泛，从温带、暖温带一直到亚

热带都可栽植。深根性，根系发达，具有强大的主根和侧根，有利于适应各种气候带的不同生境条件。

物候期各地有差异，从芽萌动开始到落叶为止，整个生长期的长短不同。在华北和西北比东北地区生长期要长 30～40d。

在中国北方，3—4 月开花，4—6 月果熟。种子成熟后应及时采种播种，如不能及时播种，要密封贮藏，以免降低发芽率。种子含水量为 8%，经密封贮藏后，发芽力可保持 2 年。种子发芽率一般为 65%～85%，千粒重 7.7g，每千克种子 12 万～13 万粒。

阳性树种。幼龄时侧枝多向阳排列，壮龄时树枝向外伸展，形成庞大的树冠。耐寒性强，在冬季绝对低温达 -48℃～-40℃的严寒地区（内蒙古海拉尔）也能生长。抗旱性强，在年降水量不足 200mm，空气相对湿度在 50% 以下的干旱地区能正常生长，但必须是在水分条件较好的低地。喜土壤湿润、肥沃，但对土壤要求不严格，干燥瘠薄的固定沙地和栗钙土上也能生长。耐盐碱性较强，在含 0.3% 的氯化物盐土和含 0.35% 的苏打盐土，pH 值 9 时尚能生长。不耐水淹，地下水位过高或排水不良的洼地，常引起主根腐烂。对烟和氟化氢等有毒气体的抗性也较强。

榆生长快，寿命长，一般 20～30 年成材。由于立地条件不同，生长量也有明显的差别。同样 18 年生植株，在土壤肥沃、水分良好的条件下，比生长在土壤较瘠薄的材积量要高出近 1 倍。据辽宁省调查报告，在冲积性壤土和厚层褐色土上生长比在沙土和盐碱土上快 2～4 倍。可采用植苗和直播两种方法造林。

◈ **饲用价值**：叶、嫩枝及果在青鲜状态或晒干后为家畜所喜食，牛、马采食较差。内蒙古牧民常将其叶放入酸乳中，饲喂幼畜，为高营养价值的饲料。树皮淀粉、嫩叶和果实人可食，也可做猪的饲料。叶及嫩枝叶含有较丰富的蛋白质和无氮浸出物，纤维含量较低，灰分中含钙较多、磷较少，且变化较大。为良等饲料。

◈ **药用价值**：味甘，性平、滑利。榆白皮、榆叶清热利尿，止咳祛痰，润肠；榆钱和胃，安神。

繁缕

拉丁学名：*Stellaria media* (L.) Vill.
英文名：Chickweed，Common Chickweed

◆ 别名：鹅肠草。

◆ 形态特征：一年生草本。高 10～40cm，茎细弱，直立或平卧，基部多分枝。叶对生，卵形，先端锐尖，有或无叶柄。花单生叶腋或成顶生疏散的聚伞花序，有长花梗；萼片 5，披针形，花瓣 5，白色，比萼片短，2 深裂；雄蕊 10；子房卵形，花柱 3～40。蒴果卵形或矩圆形，顶端 6 齿裂；种子黑褐色，圆形。

◆ 地理分布：中国各地，为欧亚广布种。

◆ 生态学特性：喜生于湿润的地方，耐阴湿，荒地、路边、农田、地边、河边、沟边等各处均有生长。靠种子繁殖，结实较多，成熟时果实易爆裂，散出种子，生活力较强。

在我国南方为冬性一年生草，常与小春作物及冬性蔬菜作物伴生。耐低温，秋季萌发，冬季生长良好，翌年春季生长旺盛，初夏开花结实，完成整个生育周期。性喜湿润肥沃土壤，在施肥多的蔬菜地生长特别良好。

◆ 饲用价值：草质柔嫩，猪、牛、羊均喜食，鹅、鸭也喜采食，鸡食其叶和嫩枝。为良等饲用植物。

◆ 药用价值：味甘、酸，凉。清热解毒，化瘀止痛，催乳。用于肠炎，痢疾，肝炎，阑尾炎，产后瘀血腹痛，子宫收缩痛，牙痛，头发早白，乳汁不下，乳腺炎，跌打损伤，疮疡肿毒。

女娄菜

拉丁学名：*Silene aprica* Turcz. ex Fisch. et Mey.
英文名：Sunward Melandrium

◈ **别名**：小猪耳朵。

◈ **形态特征**：一年生或二年生草本。高 20～70cm，全株密生短柔毛。茎直立，基部多分枝。叶对生；叶片条状披针形至披针形，长 2～5cm，宽 3～8mm，先端渐尖，基部楔形，全缘，密生短柔毛；上部叶无柄，下部叶具柄。伞房状聚伞花序，2～3 回分歧，每分歧上有花 2～3 朵；苞片条形；花萼椭圆形，外面密生短柔毛，有脉 10 条，顶端 5 裂；花瓣 5，倒卵形，顶端 2 浅裂，基部狭窄成爪，喉部有 2 鳞片；雄蕊 10，花丝细长；花柱 3。蒴果卵圆形，与花萼近等长。种子多数，细小，黑褐色，有钝的瘤状突起。

◈ **地理分布**：中国东北、华北、西北、西南和华东均有分布，但主要分布于华北；国外朝鲜、日本、俄罗斯也有。

◈ **生态学特性**：常生于山坡草地上。女娄菜的整个生长期处在冬春低温季节，此时大多数落叶树种处于落叶期，因此，可以在林下、果树间种植。耐瘠薄，可以种植在荒坡等不适宜种植其他作物的土地上，实现对有限土地资源的合理利用，也可将女娄菜与其他作物套种，能更好地利用自然资源，丰富农业生产栽培模式。

◈ **饲用价值**：牛、马、羊秋季乐采食。属良等饲用植物。

◈ **药用价值**：性苦、甘，性平，归肝、脾经。健脾，利水，通乳，调经。用于产后乳少，月经不调，体虚浮肿，小儿疳积。

麦瓶草

拉丁学名：*Silene conoidea* L.
拉丁学名：Cone-like Silene

◆ **别名**：米瓦罐、净瓶、面条棵、面条菜、香炉草。

◆ **形态特征**：一年生草本。高25～60cm，全株被短腺毛。根为主根系，稍木质。茎单生，直立，不分枝。基生叶片匙形，茎生叶叶片长圆形或披针形，长5～8cm，宽5～10mm，基部楔形，顶端渐尖，两面被短柔毛，边缘具缘毛，中脉明显。二歧聚伞花序具数花；花直立，直径约20mm；花萼圆锥形，长20～30mm，直径3～4.5mm，绿色，基部脐形，果期膨大，长达35mm，下部宽卵状。蒴果梨状，长约15mm，直径6～8mm；种子肾形，长约1.5mm，暗褐色。花期5—6月，果期6—7月。

◆ **地理分布**：中国西北、华北、华中及西南等地；国外欧洲、亚洲、非洲也有。

◆ **生态学特性**：喜冷凉、潮湿、阳光充足环境。耐北方严寒而不耐酷暑，生长最适温度15～20℃。怕干旱和积水，喜高燥、疏松肥沃、排水佳的沙壤土。

◆ **饲用价值**：幼嫩时猪、羊、牛、兔喜食，属良等饲用植物。

◆ **药用价值**：性甘、微苦，凉，归心、肺、肝经。清热凉血，止血调经，润肺止咳。用于吐血，衄血，尿血，肺痈，虚痨咳嗽，月经不调。

莲

拉丁学名：*Nelumbo nucifera* Gaertn.
英文名：Hindu Lotus, Sacred Lily, East Indian Lily

◆ **别名**：荷花。

◆ **形态特征**：多年生大型水生草本。根状茎肥厚，横生，有长节，节间膨大，节部缢缩，由根状茎节上生出叶和不定根。叶圆形，高出水面，直径20～90cm，全缘，叶正面光滑，有白粉；叶柄长1～2m，常有刺。花单生在花梗顶端，粉红色或白色，直径10～20cm，美丽、芳香；萼片4～5，早落；花瓣多数，由外向内渐小，有时变形成雄蕊；雄蕊多数，心皮多数，离生，嵌生于倒圆锥状花托穴内，花托于果期膨大，海绵质。坚果椭圆形或卵形，长1.5～3cm。种子卵形或椭圆形，长1.2～1.8cm。

◆ **地理分布**：中国南北各地皆有栽培；国外日本、印度也有。

◆ **生态学特性**：莲的生长始于种藕。种藕的顶芽有芽鞘保护，鞘内有包着鞘壳的幼叶和短缩的地下茎。在我国南方，清明前后当气温达15℃以上时，种藕在获得一定水温环境时，自顶芽的芽鞘内抽出细长的地下茎，即为主鞭。小满前后，气温达18～21℃时，主鞭上自2～3节抽出主叶，此时莲鞭各节也开始生根长叶，吸收土中营养，植株进入旺盛生长时期。随后，植株分枝，当气温25～30℃时莲鞭增长迅速，分枝尤甚，至立秋前后，莲进入盛花时期；花期5—8月，果期7—10月。在盛花期也是地下茎节缩短、膨大、结藕季节。到秋分时，藕已充分成熟，地上叶片逐渐枯死，生长的新藕便可在地下越冬，待翌年春季采掘作种藕或留原地由其再萌发生长。莲常与满江红、槐叶萍、浮萍、稀脉萍、萍等构成复合群落。

◆ **饲用价值**：莲含有丰富的淀粉，还含有蛋白质、维生素C、棉籽糖、水苏糖、果糖及多酶化合物等。梗、叶、地下茎均为家畜优良饲料，其地下茎尤为猪最喜食。自生莲常是滨湖地区猪放养的饲料地。

◆ **药用价值**：性甘，平，归脾、肾、心经。补脾止泻，益肾涩精，养心安神。用于脾虚久泻，遗精带下，心悸失眠。

驴蹄草

拉丁学名：*Caltha palustris* L.
英文名：Common Marshmarigold

◆ **别名**：马蹄叶、马蹄草、立金花、沼泽金盏花。

◆ **形态特征**：多年生草本。植株无毛，须根 10 余条，棕褐色。茎高 20～40cm，有分枝，实心。基生叶 3～7；叶片圆肾形、肾状三角形或心形，长 2.5～5cm，宽 3～9cm，边缘密生小牙齿；叶柄长 6～24cm，茎生叶较小，具短柄或无柄。单歧聚伞花序，生于茎和分枝顶端；花梗长 2～10cm。萼片 5，黄色，倒卵形或狭倒卵形，长 1.8cm；雄蕊多数，心皮 5～12 枚，无柄。蓇葖果，长约 1cm。

◆ **地理分布**：中国东北、西北、华北、西南等地；广泛分布于北半球的温带地区。

◆ **生态学特性**：适应性较强，生于亚高山草甸、灌丛、林下，也生于沼泽化草甸，耐寒性强。青藏高原以西藏嵩草为优势种的草甸中，常与甘青报春、条叶垂头菊等为伴生种出现。在四川红驴蹄草原、若尔盖和甘南的宽谷、河流阶地，海拔 3 400m 的地区，植物种类多，除西藏嵩草为优势种外，杂类草中驴蹄草常以优势种出现，呈小群落分布，草层密度较大，覆盖度可达 60%～90%。

◆ **饲用价值**：生长势较强，枝叶柔软，粗蛋白质含量较高，粗纤维少。青嫩期牛、马喜食，是高寒地区牦牛的优质饲草，不宜放牧羊群，因草地潮湿，传染病较多。

◆ **药用价值**：性辛、味苦，凉，归心、膀胱经。清热利湿，解毒活血。用于扭挫伤，感冒，伤暑，烧烫伤，毒蛇咬伤，尿路感染。

展枝唐松草

拉丁学名：*Thalictrum squarrosum* Stephan ex Willd.
英文名：Nodding Meadowrue

◈ **别名**：歧序唐松草。

◈ **形态特征**：多年生草本。无毛，高达 100cm。叶集生于茎中部，三至四回三出羽状复叶，小叶卵形或倒卵形，全缘或 3 浅裂，裂片钝或尖，有时具 1～2 锯齿，长 8～25mm，宽 3～18mm，叶柄基部具短鞘；托叶膜质，撕裂状。圆锥花序二叉状分枝，开展；花柄长 1.5～3cm；萼片长 3.5mm，椭圆形；雄蕊 5～10，花丝丝状，花药线形，心皮 1～3，无柄。瘦果，无柄，直或微弯，长圆状倒卵形，长 5～7mm，宽 2mm。属根茎型植物。根茎各节向上分蘖芽和向下产生不定根的能力较强，须根发达，返青早，生长迅速。东北地区一般 3 月下旬至 4 月开始返青，花期 6—9 月。9 月进入枯黄期后，枯叶片不脱落以扩大承受风的面积。当地上部分与母株断离后，在草地上随风滚动。果柄脆弱，碰撞易折断，有利于种子均匀散播。

◈ **地理分布**：中国东北、河北、山西、陕西及内蒙古等地；国外蒙古国、俄罗斯也有。

◈ **生态学特性**：适生于干燥的砾质山坡及森林草原，在沙丘地带或撂荒地的沙质土壤上也能生长良好。进入草甸草原群落可成为优势杂类草，但不能进入盐渍化的低湿生境。其主要伴生植物有糙隐子草、冷蒿、达乌里胡枝子、花苜蓿以及葱属植物等。

◈ **饲用价值**：生长季枝叶较粗硬，营养期粗纤维含量达 30.95%，有弱毒性，适口性差，家畜几乎不采食。秋霜后或在冬季干枯状态毒性消失。可与其他植物在秋季同时刈割作为家畜的冬春饲料。

◈ **药用价值**：性平，味苦，适当食用具有清热解毒、健胃、制酸发汗的功效。

腺毛唐松草

拉丁学名：*Thalictrum foetidum* L.
英文名：Glandularhairy Meadowrue

◆ **别名**：香唐松草、筒筒菜。

◆ **形态特征**：多年生草本。高20～50cm，根茎较粗，具多数须根。茎具槽，基部近无毛，上部被短腺毛。茎生叶较多，均等地排列在茎上，三至四回三出羽状复叶，茎基部叶具较长的柄，柄长达4cm，茎上部叶柄较短，叶柄基部两侧稍加宽，呈膜质，有鞘，叶广三角形，长约10cm，最终小叶片近圆形或倒卵形，长2～10mm，宽2～12mm，基部微心形或圆状楔形，3浅裂，裂片全缘或具2～3个钝齿，表面绿色，被短腺毛，背面灰绿色，密被短腺毛。

◆ **地理分布**：中国西藏、四川西部、青海、新疆、甘肃、陕西、山西、河北、内蒙古等地；国外亚洲西部、欧洲也有。

◆ **生态学特性**：喜凉爽湿润环境，以疏松肥沃的沙质壤土和腐殖壤土生长为适。生山地草坡或高山多石砾处；海拔高度分布在西藏3 500～4 500m，四川西部、青海2 200～3 500m，甘肃至内蒙古南部900～1 800m，内蒙古北部350～950m，新疆1 800～2 700m。

◆ **饲用价值**：中等饲用植物。干枯茎叶羊喜食。

◆ **药用价值**：根及根茎治传染性肝炎，结膜炎，痢疾，痈疽，疮疖。

瓣蕊唐松草

拉丁学名：*Thalictrum petaloideum* L.
英文名：Petalformed Meadowrue

◈ **别名**：马尾黄连、多花蔷薇。

◈ **形态特征**：植株全部无毛。茎高20～80cm，上部分枝。基生叶数个，有短或稍长柄，为三至四回三出或羽状复叶；叶片长5～15cm；小叶草质，形状变异很大，顶生小叶倒卵形、宽倒卵形、菱形或近圆形，先端钝，基部圆楔形或楔形，3浅裂至3深裂，裂片全缘，叶脉平，脉网不明显，小叶柄长5～7mm，叶柄长达10cm，基部有鞘。花序伞房状，有少数或多数花；萼片4，白色，早落，卵形，雄蕊多数，长5～12mm，花药狭长圆形，长0.7～1.5mm，顶

端钝，花丝上部倒披针形，比花药宽；心皮4～13，无柄，花柱短，腹面密生柱头组织。瘦果卵形，有8条纵肋，宿存花柱长约1mm。6—7月开花。

◈ **地理分布**：中国四川西北部、青海东部、甘肃、宁夏、陕西、安徽、河南西部、山西、河北、内蒙古、辽宁、吉林、黑龙江等地；国外朝鲜、西伯利亚地区也有。

◈ **生态学特性**：喜凉爽湿润环境，以疏松肥沃的沙质壤土和腐殖壤土生长为好。生于山坡草地，在四川、青海、甘肃一带为海拔1 800～3 000m，在山西、河北一带为海拔800～1 800m，在东北为海拔700m以下。

◈ **饲用价值**：春季牛、羊喜食，骆驼、马乐食。属良等饲用植物。

◈ **药用价值**：根可治黄疸性肝炎、腹泻、痢疾、渗出性皮炎等症。

牻牛儿苗

拉丁学名：*Erodium stephanianum* Willd.
英文名：Common Heron's Bill

◆ **别名**：太阳花。

◆ **形态特征**：多年生草本。高 15～50cm，根为直根，较粗壮，少分枝。茎多数，仰卧或蔓生，具节，被柔毛。叶对生；托叶三角状披针形，分离，被疏柔毛，边缘具缘毛；基生叶和茎下部叶具长柄，柄长为叶片的 1.5～2 倍，被开展的长柔毛和倒向短柔毛；叶片轮廓卵形或三角状卵形，基部心形，长

5～10cm，宽 3～5cm，二回羽状深裂，小裂片卵状条形，全缘或具疏齿，表面被疏伏毛，背面被疏柔毛，沿脉被毛较密。伞形花序腋生，明显长于叶，总花梗被开展长柔毛和倒向短柔毛，每梗具 2～5 花；苞片狭披针形，分离；花梗与总花梗相似，等于或稍长于花，花期直立，果期开展，上部向上弯曲；萼片矩圆状卵形，长 6～8mm，宽 2～3mm，先端具长芒，被长糙毛，花瓣紫红色，倒卵形，等于或稍长于萼片，先端圆形或微凹；雄蕊稍长于萼片，花丝紫色，中部以下扩展，被柔毛；雌蕊被糙毛，花柱紫红色。蒴果长约 4cm，密被短糙毛。种子褐色，具斑点。花期 6—8 月，果期 8—9 月。

◆ **地理分布**：中国各地；国外朝鲜、蒙古国、俄罗斯也有。

◆ **生态学特性**：生于山坡、农田边、沙质河滩地和草原凹地等。

◆ **饲用价值**：牛、羊喜食，属良等饲用植物。

◆ **药用价值**：性辛、苦、平，归肝、肾、脾经。祛风湿，通经络，止泻痢。用于风湿痹痛，麻木拘挛，筋骨酸痛，泄泻，痢疾。

宿根亚麻

拉丁学名：*Linum perenne* L.
英文名：Perennial Flax

◆ **别名**：豆麻。

◆ **形态特征**：多年生草本。高20～90cm，根为直根，粗壮，根颈木质化。茎多数，直立或仰卧，中部以上多分枝，基部木质化，具密集狭条形叶的不育枝。叶互生；叶片狭条形或条状披针形，全缘内卷，先端锐尖，基部渐狭，1～3脉（实际

上由于侧脉不明显而为1脉）。花多数，组成聚伞花序，蓝色、蓝紫色、淡蓝色，直径约2cm；花梗细长，直立或稍向一侧弯曲。萼片5，卵形，长3.5～5mm，外面3片先端急尖，内面2片先端钝，全缘，5～7脉，稍凸起；花瓣5，倒卵形，顶端圆形，基部楔形；雄蕊5，长于或短于雌蕊、或与雌蕊近等长，花丝中部以下稍宽，基部合生；退化雄蕊5，与雄蕊互生；子房5室，花柱5，分离，柱头头状。蒴果近球形，直径3.5～7mm，草黄色，开裂。种子椭圆形，褐色，长4mm，宽约2mm。

◆ **地理分布**：中国河北、山西、内蒙古、西北和西南等地；国外西伯利亚至欧洲和西亚皆有。

◆ **生态学特性**：喜光照充足、干燥而凉爽的气候，土质肥沃、排水通畅时生长良好，耐旱，耐寒，耐肥，在偏碱土壤生长不良。生于干旱草原、沙砾质干河滩和干旱的山地阳坡疏灌丛或草地，海拔高度达4 100m。阴雨天过长植株易受病菌侵染，其生长最适空气湿度为40%～60%。

◆ **饲用价值**：牛、羊少食其鲜草，属中等饲用植物。

◆ **药用价值**：藏医用于治子宫瘀血，闭经，身体虚弱。

霸王

拉丁学名：*Zygophyllum xanthoxylum* (Bunge) Maxim.
英文名：Common Beancaper

◆ **形态特征**：灌木。高70～150cm，枝舒展，呈"之"字形弯曲，小枝先端刺状。复叶具2小叶，老枝上簇生，嫩枝上对生，小叶肉质，椭圆状条形或长匙状，长0.8～4.5cm，宽3～5mm，先端圆，基部渐狭。花单生于叶腋，萼片4，花瓣4，黄白色。蒴果通常具3宽翅，不开裂；种子肾形，黑褐色。

◆ **地理分布**：中国内蒙古、甘肃、青海、新疆、西藏等地；国外蒙古国也有。

◆ **生态学特性**：根系发达，主根粗壮，入土深度达50～70cm。4月初开始萌芽，4月中旬叶刚发出时就开始开花，花期可延续到4月末至5月初，5月开始结实，6—7月果实成熟，8月果实脱落，秋霜后很快落叶，是荒漠地区第一批落叶的灌木，其物候节律与当年降水量的多少关系不大，常与前一年的降水量有关，适宜生长在年平均降水量50～150mm，年温≥10℃的活动积温3 000～4 000℃地区。

霸王为超旱生的灌木，耐旱性强。不耐黏性重的淤泥性或者强烈的盐渍化土壤，常见于荒漠和草原化荒漠，偶见于荒漠化草原。在荒漠地区，出现在石质残丘坡地、砂砾质丘间平地及固定、半固定沙地上，亦可沿干河床呈带状分布。在积沙的洼地和沙漠外围常形成纯群落，在砂砾质戈壁上则与沙冬青、驼绒藜、刺叶柄棘豆、狭叶锦鸡儿等植物组成群落。在草原化荒漠常出现在干燥的碎石丘陵及坡地上，有时也见于湖滨沙地。

◆ **饲用价值**：骆驼喜食霸王的嫩枝叶及花，冬春也采食枝条。羊对其花一般采食，对幼嫩枝叶少量采食。牛、马不食。

◆ **药用价值**：霸王根为中药，春、秋季采挖，切段，洗净，晒干用。味辛，性温，归胃经，具有行气宽中之功效，能行气散满，常用于气滞腹胀。

铁苋菜

拉丁学名：*Acalypha australis* L.
英文名：Copperleaf, Threeseed Mercury

◈ **别名**：杏仁菜、小耳朵草。

◈ **形态特征**：一年生草本植物，高30～50cm，茎直立，多分枝。叶互生，椭圆形、椭圆状披针形，长2.5～8cm，宽1.5～3.5cm，先端渐尖，基部楔形，叶脉三出，两面被疏柔毛或近无毛，叶柄长1～3cm。花单性，雌雄同序，无花瓣；雄花多数生于花序上端，花萼4裂，雄蕊8；雌花生于花序下端叶状苞片内，苞片肾形，长1～2cm，合时如蚌，萼片3，子房3室。蒴果小，钝三棱形，被粗毛；种子卵形，长约2mm，灰褐色，千粒重1.12g。

◈ **地理分布**：中国长江以南、黄河中下游、沿海及西南、华南等地；国外朝鲜、越南、日本、菲律宾也有。

◈ **生态学特性**：喜生于田边、路旁、耕地、沟边和山坡林下及居民点周围的空隙地，也有时在弃耕地上以优势种出现。对土壤要求不严，无论沙土、黏土、弱碱性土或酸性土都能生长。平均气温10℃以上种子萌发。在北方温带地区野生条件下，一般5—6月出苗，7—8月开花，8—9月种子成熟；在南方亚热带地区，一般4月中旬至5月上旬出苗，7—8月开花，9—10月结实，生育期150～190d，自然条件下，种子在春、夏、秋季遇适宜条件，均能发芽出苗。在亚热带地区，夏季和秋季出苗的至11月中旬仍能开花、结实。再生能力不强，每年可利用2～3次。

◈ **饲用价值**：茎叶鲜嫩多汁，叶量大，占总重量的75%以上，猪、兔、牛、羊、鹅均喜食。

◈ **药用价值**：性苦、涩，平，归心、肺、大肠、小肠经。清热解毒，消积，止痢，止血。用于痢疾，泄泻，咳血，吐血，鼻衄，尿血，便血，崩漏，外伤出血，热淋，疳积腹胀，疟疾，湿疹，痈疖疮疡，毒蛇咬伤，肠炎，肝炎，皮炎。

鼠掌老鹳草

拉丁学名：*Geranium sibiricum* L.
英文名：Siberian Granesbill

◆ **别名**：风露草。

◆ **形态特征**：多年生草本，高 30～100cm，茎细长，上部斜向上，多分枝，略有倒生毛。叶对生，基生叶和茎生叶同形，宽肾状五角形，基部宽心形，长 3～6cm，宽 4～8cm，掌状 5 深裂；裂片卵状披针形，羽状分裂或齿状深缺刻；基生叶或下部生叶有长柄。花单个腋生，具长柄；萼片矩圆状披针形，

边缘膜质；花瓣红色，长近于萼片。果 1.5～2cm，具微柔毛。在天山北坡 4 月中下旬返青，7 月开花，9 月种子成熟。

◆ **地理分布**：中国东北、华北、西北、西藏、四川、湖北等地；国外亚洲北部、中部，俄罗斯、北美洲均有。

◆ **生态学特性**：适应冷凉潮湿的气候，生于海拔 1 500～2 400m 的山地森林带、草甸草原和山地草甸带，土壤为壤质黑钙土、暗栗钙土。常与早熟禾、天山羽衣草、无芒雀麦、紫花鸢尾等中生禾草和杂类草构成的不同山地草甸植被中作为主要伴生种出现。在草甸草原带鼠掌老鹳草常出现在阴湿的低地或溪边。

◆ **饲用价值**：茎秆细，叶量多、质地柔软，适口性良好。青草或干草各类牲畜均采食，但不挑食。青绿或开花后羊喜食，马、牛乐食，枯黄后各类牲畜仍采食。干枯后叶片易破碎，冬季残留差，适于夏秋放牧利用。

◆ **药用价值**：全草可入药，能治疗风湿、跌打损伤、神经痛等疾病。

酸枣

拉丁学名：*Ziziphus jujuba* var. *spinosa* (Bunge) Hu ex H. F. Chow.
英文名：Spine Date

◈ **别名**：棘、酸枣树、角针、硬枣。

◈ **形态特征**：落叶灌木、稀小乔木。树皮褐色或灰褐色，枝有长枝、短枝和脱落性小枝之分。长枝舒展，呈"之"字形折曲，红褐色，光滑，有托叶刺；短枝通称枣股，在二年生以上的长枝上互生，似长乳头状；脱落性小枝亦称枣吊，为纤细下垂的无芽枝，似羽叶的总柄，常3～7簇生于短枝节上。叶互生，椭圆状卵形、卵形或卵状披针形，先端钝尖，基部稍偏斜，基生3主脉，具钝锯齿，两面光滑，叶柄长2～7mm。花黄绿色，两性，5基数，单生或2～8朵密集成腋生聚伞花序；花梗长2～3mm；萼片卵状三角形，花瓣倒宽卵形，基部有爪，与雄蕊等长；花盘厚，肉质；子房上位，常埋藏于花盘内，2室，每室具1胚珠。核果近球形，直径7～15mm，成熟时红色，果肉味酸，核两端钝。

◈ **地理分布**：中国辽宁、内蒙古、河北、山东、山西、河南、陕西、甘肃、宁夏、新疆、江苏、安徽等地；国外朝鲜及俄罗斯也有。

◈ **生态学特性**：喜光阳性树种，对光照要求比较严格。多生长在阳坡及光照充足的地方，树势生长健壮，结果多，质量好。树冠外围枝条光照充足，枝粗、叶大、色泽深绿，而树冠里枝条纤细、叶小而薄、色泽淡。酸枣为喜温树种，但能耐40℃的高温和−30℃的低温，对水分的适应性较强，北方酸枣产区的年降水量一般在400～600mm，辽宁干旱区年降水量仅有300mm，也有酸枣生长。调查结果表明，当坡地土壤40cm深处含水量为5%时，大部分植物干旱致死，而酸枣仍能生长、开花。酸枣不仅能耐干旱，而且在雨季短期积水时也不致淹死。

对土壤条件要求不严，无论是山地、丘陵或石质地，或是沙质土、黏质土以及轻盐碱地均能生长；对土壤酸碱度有较强的适应能力，在石灰岩、片麻岩、花岗岩为成土母质的壤土或沙壤土甚至砂砾上，pH值6～8均能生长，但仍以土层深厚肥沃的微酸、微碱及中性土壤（pH值6.5～7.5）生长良好。

在华北地区，酸枣主要分布在海拔1400m以下的低山阳坡，在坡面侵蚀严重、坡积岩块和基岩露头较多处也能生长。

◆ **饲用价值：**酸枣幼果、成熟果实和丰富的嫩枝叶，均为羊所采食。作为猪饲料的采集与调制方法是割取枝叶，煮熟、发酵、青贮、干燥粉碎掺混于其他饲料中喂用。酸枣嫩叶富含粗蛋白质、粗脂肪，粗纤维含量低，返青、开花、结实期营养较为丰富，是山区放牧较好的灌木之一。

酸枣叶蛋白质的品质好，含有丰富的必需氨基酸，尤以赖氨酸、亮氨酸和精氨酸丰富。

◆ **药用价值：**味甘、酸，性平。归肝、胆、心经。补肝，宁心，敛汗，生津。用于虚烦不眠，惊悸多梦，体虚多汗，津伤口渴。

构

拉丁学名：*Broussonetia papyrifera* (L.) L'Her. ex Vent.
英文名：Common papermulberry

◆ **别名**：壳树、毂树、楮树、构树。

◆ **形态特征**：落叶乔木。高15m，含白色乳汁，树皮光滑，浅灰色，枝粗壮，平展，红褐色，密被白色茸毛。叶宽卵形至矩圆状卵形，长8～20cm，宽6～15cm，不分裂或3～5深裂，先端锐尖，基部圆形或近心形，边缘有粗锯齿，上面被糙毛，下面密被柔毛，三出脉；叶柄长3～5cm。花单性，雌雄异株；雄花序葇荑状，长6～8cm；雌花序头状；雄花花被片和雄蕊各4；雌花苞片棒状，花被管状。聚花果，球形，成熟时砖红色，肉质，直径约3cm。

◆ **地理分布**：中国辽宁的南部、广东、海南沿海、四川、甘肃的南部、青海、西藏的东部等；国外朝鲜、日本、越南、印度也有。

◆ **生态学特性**：在安徽，3月中旬萌芽展叶，5月开花、结实，9—10月果实成熟，10月底至11月下旬或12月上旬叶片逐渐凋落，生育期180d左右，绿叶期约240d。生长速度比较快，在土层深厚、肥沃、湿润的土地上，二年生实生苗高达1.5m，生长4年的植株高达5m、冠幅4～4.5m、胸径10cm，生长第5年才开花结实。繁殖力比较强，用种子繁殖，也可进行无性繁殖。结实量大，种子产量高，果熟后，长时间保存在树枝上。构树在温热、湿润的气

候条件下生长良好。耐高温，不耐严寒。对土壤要求不严，各种土壤上均能生长，适宜土壤 pH 值 4.5～8.5、降水量 500～1 700mm，最适宜在排水良好、土壤肥沃、湿润、土层深厚的地上生长。也耐土壤贫瘠，在丘陵贫瘠的坡地上也能生长。

构树是一种阳性树种，喜欢阳光充足的开阔环境，也耐荫蔽，在高大的乔木林下，也能生长良好，只是树干较细、枝疏，叶量较少。

◆ **饲用价值：**叶、成熟的聚花果和花序柔软多汁，均可食用。鲜叶切碎、蒸煮后，猪最喜食，鸡、鸭、鹅也喜食。加工成叶粉，作为配合饲料的原料，各种畜禽均喜食。叶含有丰富的粗蛋白质、无氮浸出物，粗纤维很少。

构树叶的能量价值也较高，无论是总能还是对猪、羊、牛和鸡的消化能、代谢能、净能和可消化蛋白质含量均相当高，具有很高的饲用价值，尤其适合猪、羊利用。构树叶富含 11 种必需氨基酸，但缺少精氨酸。因此，在饲喂畜禽时，应予补充。构树叶含有丰富的微量元素。铁、锰、锌的含量较高，在叶类饲料中是含量高者之一。

◆ **药用价值：**性甘、涩，寒。为补肾、壮筋骨兼明目之药，还能利窍逐水。补肾壮骨，用于腰肢痿软无力、目昏睛暗、阳痿、水肿等症。治腰肢无力，可与杜仲、牛膝、枸杞子、菊花同用；治热淋、水肿，取皮与桑白皮、猪苓、陈皮等药同用。

柑橘

拉丁学名：*Citrus reticulata* Blanco.
英文名：Satsuma orange

◆ **别名**：橘、瑞圣奴、柑。

◆ **形态特征**：多年生小乔木。枝具刺，叶披针形或椭圆形，长4～8cm，宽2～3.5cm，有时较大，顶端狭而具钝头，常微凹，基部楔形，侧脉通常明显；箭叶狭长，宽3mm或更宽。花两性，白色，单生或2～3朵，簇生于叶腋。果扁圆形或近圆球形，直径5～8cm或更大，橙

黄色至朱色，果皮通常粗糙，种子少数卵形，顶端尖。

◆ **地理分布**：中国华南、华中、华东、西南等地；国外日本、南亚、欧洲南部、美洲中南部、南非等地也有。

◆ **生态学特性**：喜温，适宜在年平均温度15℃以上的地区，最低不超过-10℃，最适生长温度为23～31℃，37～38℃停止生长。要求降水量在1 000mm左右，过低需灌水，土壤pH值为4.8～8.5，最适为土壤pH值6～6.5。

◆ **饲用价值**：柑橘加工后的橘渣，可饲喂奶牛、肉牛，也可晒干后制成粉或青贮（加入禾草）。

◆ **药用价值**：性苦、辛，温。入肝、胆经，为破肝气、消气滞之药，有消食化痰的作用。

橘络别名橘丝、橘筋。

橘核别名橘子仁、橘子核、橘仁。

鸦胆子

拉丁学名：*Brucea javanica* (L.) Merr.
英文名：Java Brucea

◈ **别名**：鸦旦子、苦参子、解苦楝。

◈ **形态特征**：灌木或小乔木。嫩枝、叶柄和花序均被黄色柔毛，叶长 20～40cm，有小叶 3～15 片，小叶卵形或卵状披针形。圆锥花序，雄花序长 15～40cm。核果 1～4，分离，长卵形；种仁黄白色，卵形，有薄膜，含油丰富，味极苦。花期夏季，果期 8—10 月。

◈ **地理分布**：中国南方各地。

◈ **生态学特性**：主要生长在亚热带温暖湿润的地区，有耐干旱、耐瘠薄的习性，多生长在丘陵荒坡、灌木丛中或"四旁"向阳处。

◈ **饲用价值**：中等饲用植物。山羊食其嫩叶。

◈ **药用价值**：性苦，寒，有毒，入大肠经。为清热止痢、杀血解毒之要药。

磨盘草

拉丁学名：***Abutilon indicum*** (L.) Sweet.
英文名：Indian Abutilon

◆ **别名**：青麻、苘实、白麻、牛牯仔麻。

◆ **形态特征**：一年生或多年生亚灌木状草本。高0.5～2.5m，被灰白色短茸毛。叶卵圆形至阔卵形，长3～7cm，顶端急尖或渐尖，基部心形，叶缘具粗锯齿或波状，两面被短星状毛。花单生，花梗细长，长4～7cm，近顶部有节，花冠黄色。果扁圆形，呈磨盘状，顶部截平，直径约2cm；分果爿具脊棱，顶端有短喙，果皮膜质，被灰黄色星状粗毛，成熟时即脱落；种子肾形，有白色斑点。

◆ **地理分布**：中国长江以南各地分布；国外热带、亚热带均有。

◆ **生态学特性**：喜温暖、湿润和阳光充足的气候，生长适温25～30℃，不耐寒，一般土壤均能种植，较耐旱，喜肥，在疏松而肥沃的土壤上生长茂盛。

◆ **饲用价值**：羊极喜食，牛食其叶，化学成分见下表。

表 磨盘草的化学成分 （单位：%）

样品情况	干物质	占干物质比例					钙	磷
		粗蛋白质	粗脂肪	粗纤维	无氮浸出物	粗灰分		
营养期叶及嫩梢	19.1	22.68	2.39	14.67	44.71	15.55	2.90	0.56
开花期叶及嫩梢	19.9	22.61	1.62	15.08	45.82	14.87	3.09	0.45

◆ **药用价值**：性甘，平，入肺、脾、心经。为疏风清热、利湿通窍之药，也能活血行气。

山芝麻

拉丁学名：*Helicteres angustifolia* L.
英文名：Narrowleaf Screwtree

◈ **别名**：山油麻、大山麻、石秤砣、狗尿树。

◈ **形态特征**：灌木。高 50～100cm，小枝被灰色短柔毛。叶线状披针形或长圆状线形，长 3.5～5cm，宽 1.5～2.5cm，顶端钝或急尖，基部圆，腹面无毛或近无毛，背面被灰白色或淡黄色星状茸毛，间或混生刚毛。聚伞花序具2 至数花，果卵状长圆形。

◈ **地理分布**：中国热带、亚热带地区。

◈ **生态学特性**：生于山野草丛、海滨、丘陵。耐寒性强。

◈ **饲用价值**：牛、羊喜食其叶。

◈ **药用价值**：性苦，寒，入肺、肝经。为清热解毒、泄热通便的药物。用于治疗丹毒、锁喉黄等，取清热凉血、解毒之功，可单味应用，或与铁线蕨、无患子根、乌桕鲜根等配伍。

野胡萝卜

拉丁学名：*Daucus carota* L.
英文名：Wild Carrot

◆ **别名**：野胡萝卜缨子、山胡萝卜。

◆ **形态特征**：一年生或越年生草本。全体被粗硬毛，根肉质，圆锥形，近白色。基高 15～120cm，单生，直立。基生叶纸质，矩圆形，2～3回羽状全裂，小裂片条形至披针形，长 2～15mm，宽 0.5～2mm；叶柄长 2～12cm，具鞘；茎生叶近无柄，小裂片细长。复伞形花序顶生，总花梗长 10～60cm；总苞片多数，叶状，羽状分裂或不裂，裂片细条形，反折；伞幅多数；小总苞片 5～7，条形，不裂或羽状分裂；花白色或淡红色。双悬果矩圆形，长 3～4mm，4 条次棱有翅，翅上具短钩刺。

◆ **地理分布**：中国安徽、江苏、浙江、江西、湖北、四川、贵州等地；国外亚洲、欧洲、北非均有。

◆ **生态学特性**：越冬种子翌年春季播后，从 3 月中旬至 10 月中旬均可陆续出苗。在暖温带及亚热带地区，秋季播种的幼苗能以绿色体越冬，翌年 2 月底至 3 月初返青，返青后即迅速生根并长出簇生叶，4 月中旬抽茎并分枝，5 月中旬现蕾，5 月底至 6 月初开花，7 月底至 8 月初果熟，生育期约 160d。再生性不强，分枝前可利用 2～3 次，利用次数过多，尤其在开花时刈割，则会严重影响再生。

野胡萝卜的适应性较强，喜生于耕地、田边、路旁、沟边、丘陵坡地、居民点周围的闲荒地。一般散生，但在撂荒地或松耙的草地上，有时可成为优势群落，成为植被演替的先锋群落。在亚热带地区的天然植被中，是草群或疏矮灌丛中的伴生种；在撂荒等疏松的土地上，与一年蓬、野塘蒿、小白酒草为共建种，其伴生植物有马唐、荩草、狗尾草、蒿等。野胡萝卜是一种阳性植物，喜生于向阳的开阔地段。在荫蔽条件下生长发育不良。

◆ **饲用价值：**在分枝前期，尤其在叶簇期，茎叶柔嫩多汁，是很好的青绿饲草。切碎后，猪最喜食，牛、羊喜食，鹅、鸭、鸡均采食。开花以后，下部叶逐渐干枯，茎叶老化，茎枝上的倒糙硬毛呈细刺状，适口性、营养价值显著下降，畜禽均不采食，但加工成干草粉仍可利用。

野胡萝卜粗蛋白质含量较高，富含无氮浸出物，粗纤维含量中等，灰分中钙和磷野胡萝卜的总能，对猪、鸡、牛、羊的消化能、代谢能等及消化粗蛋白质的含量都比较高，属于中等饲草。均较少。

野胡萝卜茎叶可作青绿饲料，亦可晒制青干草和调制青贮饲料或制成干草粉，做配合饲料的原料。野胡萝卜的肉质根和种子也是很好的多汁饲料和精料。

◆ **药用价值：**果实入药，有驱虫作用，又可提取芳香油。

芫荽

拉丁学名：*Coriandrum sativum* L.
英文名：Coriander

◈ 别名：香菜、胡荽。

◈ 形态特征：一年生或二年生草本。有强烈气味，高20～100cm，根纺锤形，细长，有多数纤细的支根。茎圆柱形，直立，多分枝，有条纹，通常光滑。根生叶有柄，柄长2～8cm。叶片1～2回羽状全裂，羽片广卵形或扇形半裂，长1～2cm，宽1～1.5cm，边缘有钝锯齿、缺刻或深裂，上部的茎生叶3回至多回羽状分裂，

末回裂片狭线形，长5～10mm，宽0.5～1mm，顶端钝，全缘。

伞形花序顶生或与叶对生，花序梗长2～8cm，伞辐3～7，长1～2.5cm。小总苞片2～5，线形，全缘。小伞形花序有孕花3～9，花白色或带淡紫色。

◈ 地理分布：中国各地均有栽培。

◈ 饲用价值：马、牛、羊、猪均喜食，为优等饲用植物。

◈ 药用价值：性辛，微温。入肺、胃经。为疏风解表的主药，还有开胃进食之效。

菖蒲

拉丁学名：*Acorus calamus* L.
英文名：Calamus, Drug Sweetlag

◈ **别名**：白菖蒲、藏菖蒲。

◈ **形态特征**：多年生草本。根茎横走，稍扁，分枝，直径5～10mm，外皮黄褐色，芳香，肉质根多数，长5～6cm，具毛发状须根。叶基生，基部两侧膜质叶鞘宽4～5mm，向上渐狭，至叶长1/3处

渐行消失、脱落。叶片剑状线形，长90～150cm，中部宽1～3cm，基部宽，对褶，中部以上渐狭，草质，绿色，光亮；中肋在两面均明显隆起，侧脉3～5对，平行，纤弱，大都伸延至叶尖。花序柄三棱形，长15～50cm；叶状佛焰苞剑状线形，长30～40cm；肉穗花序斜向上或近直立，狭锥状圆柱形，长4.5～8cm，直径6～12mm。花黄绿色，花被片长约2.5mm，宽约1mm；花丝长2.5mm，宽约1mm；子房长圆柱形，长3mm，粗1.25mm。浆果长圆形，红色。花期6—9月。

◈ **地理分布**：中国各省（区）均有分布，也常有栽培；国外南北两半球的温带、亚热带都有。

◈ **生态学特性**：喜冷凉、湿润气候，喜阴湿环境，耐寒，忌干旱。以沼泽湿地或灌水方便的沙质壤土、富含腐殖质壤土栽培为宜。

◈ **饲用价值**：牛、马、羊少食，为劣等饲用植物。

◈ **药用价值**：味辛，性温。开窍，健胃，驱风，止痛。主治胸腹胀痛，神志不清，癫痫，风湿性疼痛。

鸭跖草

拉丁学名：*Commelina communis* L.
英文名：Common dayflower

◆ **别名**：竹节菜、鸭抓草、耳环草、碧蜂草、鸡舌草。

◆ **形态特征**：一年生草本。茎上部直立，下部匍匐，长达1m。叶互生，披针形至卵状披针形，长3～8cm，宽1～2.5cm，先端渐尖，基部下延成鞘，鞘口有纤毛。聚伞花序，有花1～4朵，略伸出佛焰苞；佛焰苞心状卵形，边缘对合折叠，有毛；萼片3，卵形；花瓣3，深蓝色；雄蕊6枚。蒴果椭圆形，长5～7mm；有种子4粒，具不规则窝孔。

◆ **地理分布**：中国东北、华北、华中、华南、西南等地；国外越南、朝鲜、日本、俄罗斯及北美洲也有。

◆ **生态学特性**：喜温暖、半阴、湿润的环境，尤其在潮湿的地方生长更好。花果期6—10月，不耐寒。

◆ **饲用价值**：鸭跖草茎嫩叶多，春季发芽早，秋季仍柔嫩，宜作牛和猪饲料，喂前应煮熟或发酵。

◆ **药用价值**：性甘，淡，寒。入心、肝、脾、肠经。为清热泻火、解毒、利水消肿的药物。

参考文献 *REFERENCE*

瞿白明，1989. 兽医中草药大全［M］. 北京：中国农业科技出版社.

内蒙古自治区革命委员会卫生局，1972. 内蒙古中草药［M］. 呼和浩特：内蒙
　古自治区人民出版社.